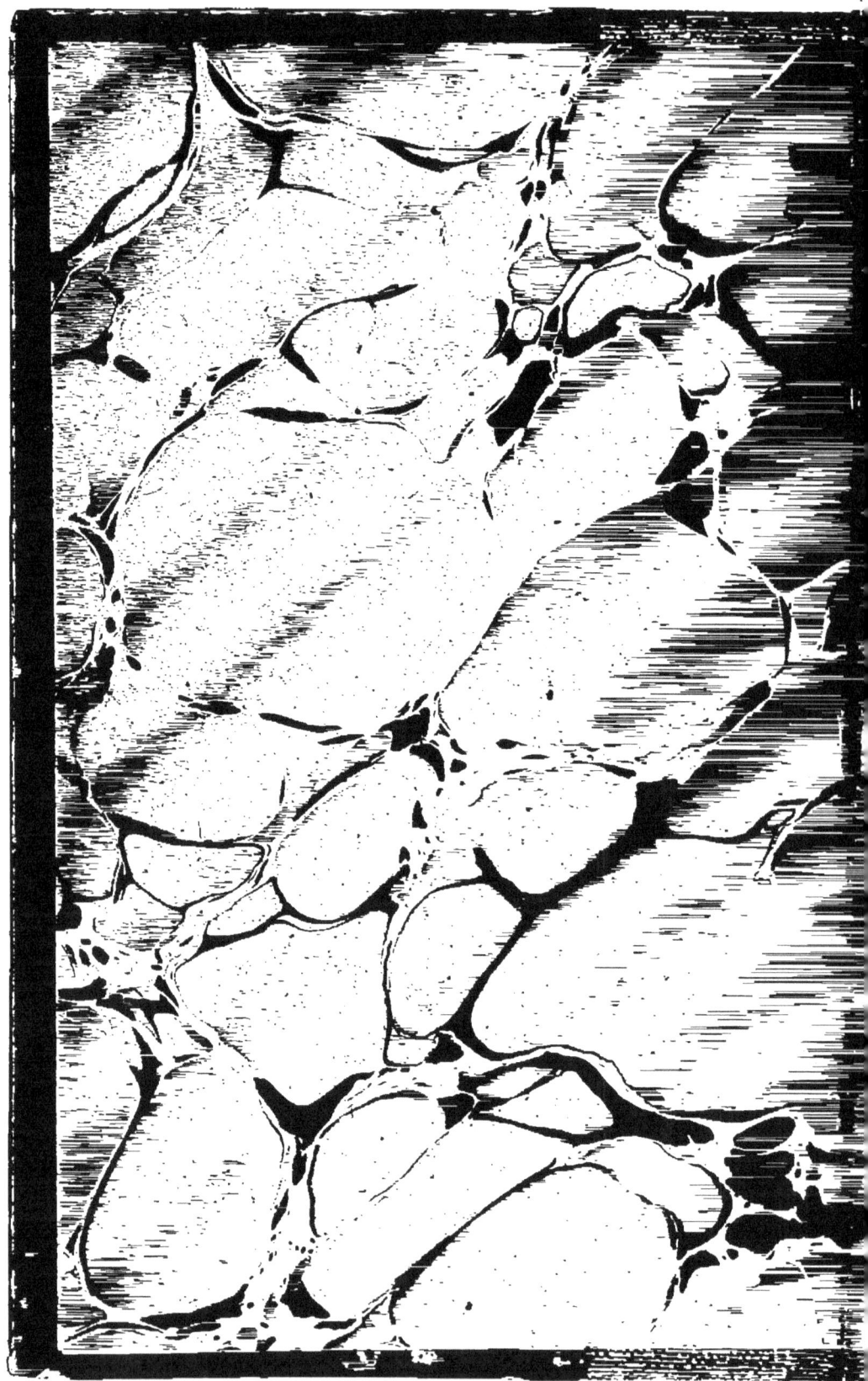

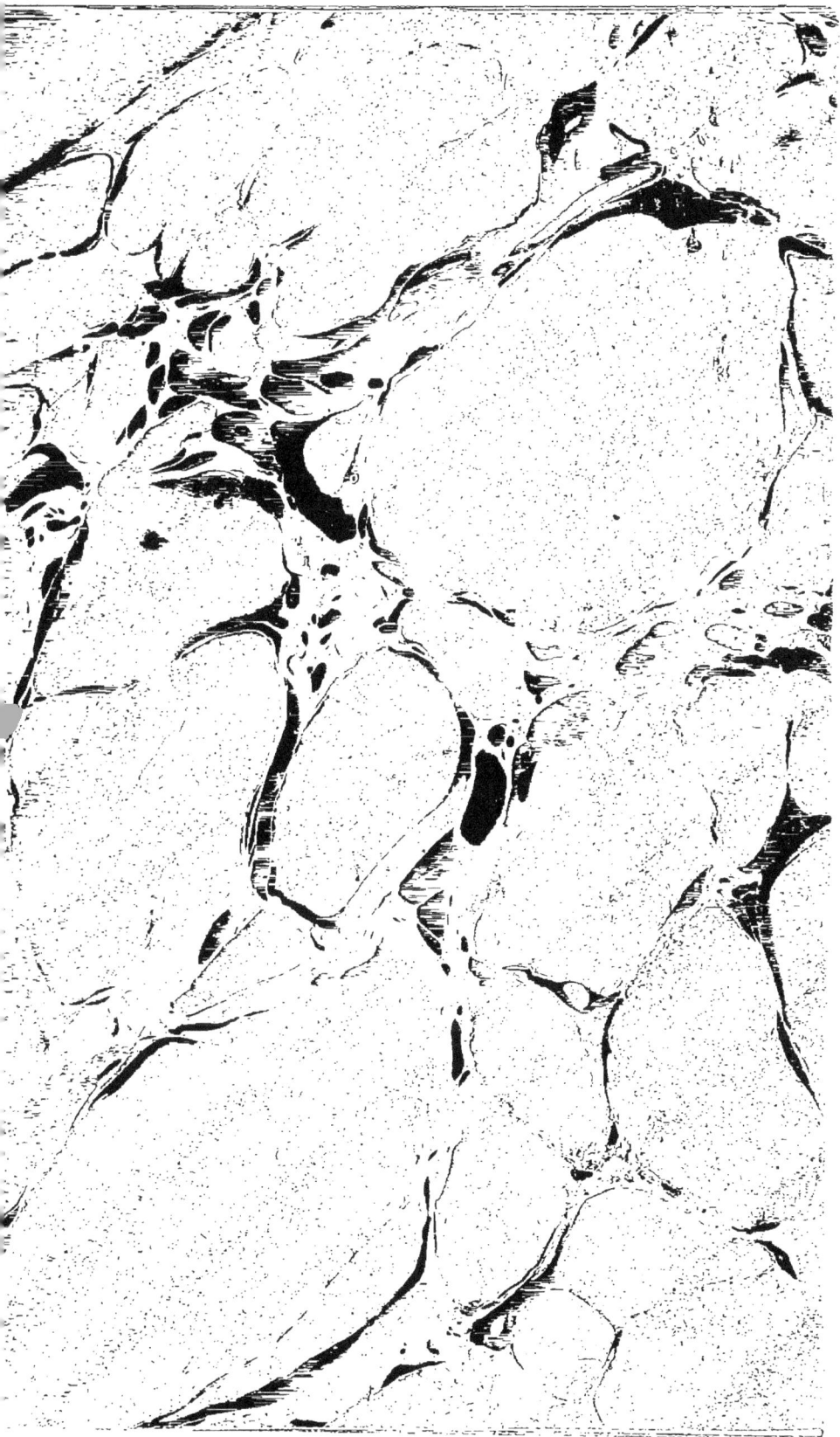

LES
PUITS ARTÉSIENS
DES
OASIS MÉRIDIONALES
DE
L'ALGÉRIE

PAR

Adrien BERBRUGGER

EDITION

.... Ægestionstruphs ... spemells ...
amnn edit ...... (VIRG.)

ALGER

......IE, LIBRAIRE-ÉDITEUR

CONSTANTINE | PARIS

ARNOLET, Imprim.-Libr. | CHALLAMEL aîné, Libraire-Éditeur.
RUE DU PALAIS | 30, RUE DES BOULANGERS

1862

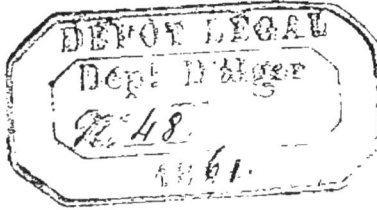

LES

PUITS ARTÉSIENS

DES

OASIS MÉRIDIONALES

DE L'ALGÉRIE

ALGER. — TYPOGRAPHIE BASTIDE

PLACE DU GOUVERNEMENT.

C.

LES
PUITS ARTÉSIENS

DES

OASIS MÉRIDIONALES

DE

L'ALGÉRIE

PAR

Adrien BERBRUGGER

❖

2e ÉDITION

❖

..... Aggeribus ruptis... spumeus
amnis exiit.　　(Virg.)

ALGER
BASTIDE, LIBRAIRE-ÉDITEUR

CONSTANTINE	PARIS
ALESSI et ARNOLET, Imprim.-Libr.	CHALLAMEL aîné, Libraire-Éditeur,
RUE DU PALAIS	30, RUE DES BOULANGERS

1862
1861

AU MGUEDDEM BOU-CHEMAL

MOHAMMED EL-GOUBBI

CAÏD DE NEZLA

SOUVENIR RECONNAISSANT

A. Berbrugger.

Ce travail sur les puits artésiens de notre Sahara est le résultat d'études faites dans la région même des sources jaillissantes, pendant les années 1850 et 1851. Je l'ai d'abord adressé. sous forme de mémoire, au Ministre de la Guerre, puis à l'Académie des Sciences, qui s'en occupa dans sa séance du 6 octobre 1851. Quelques organes de la presse parisienne, notamment le *Siècle*, en ont alors parlé avec bienveillance. Mais des erreurs assez graves s'étaient glissées dans leurs comptes-rendus; pour mettre le public à même de connaître exactement mon travail, je l'ai fait paraître en six articles dans l'*Akhbar*, numéros des 28, 30 octobre, 9, 16, 27, 30 novembre 1851. Il a été publié, en outre, sous le format in-16; mais cette première édition, tirée à un petit nombre d'exemplaires, fut promptement épuisée. Le succès des travaux de forages artésiens entrepris dans le Sahara oriental ayant ramené l'attention publique sur cet intéressant sujet, j'ai cru devoir réimprimer mon opuscule, en augmentant et rectifiant au besoin la rédaction primitive. C'était la meilleure manière de témoigner ma reconnaissance au lecteur pour le bon accueil fait à la première édition. Celle-ci avait été placée sous le patronage de MM. les généraux Charon, d'Hautpoul et Daumas, qui m'avaient facilité les moyens d'explorer les oasis les plus méridionales de l'Algérie. Je dédie la seconde à un indigène qui ne m'a pas seulement aidé de tout son pouvoir à accomplir la mission que j'avais sollicitée, mais qui m'a témoigné un dévouement, une amitié qu'il est bien rare de rencontrer, même parmi des compatriotes et co-religionnaires.

Alger, 21 septembre 1861.

ADRIEN BERBRUGGER.

LES

PUITS ARTÉSIENS

DES OASIS MÉRIDIONALES

DE L'ALGÉRIE (1)

La frontière méridionale de l'Algérie est jalonnée par une série d'oasis qui, presque toutes, doivent la vie et la fécondité à de nombreuses sources jaillissantes que l'industrie de l'homme, et quelquefois les seules forces de la nature,

(1) Le lecteur devra toujours avoir présent à l'esprit que cet ouvrage a été fait en 1851 et qu'il constate l'état de la question des puits artésiens à cette époque, dans le Sahara oriental. Ce sera probablement son seul mérite, lorsque l'intervention de l'industrie française aura modifié profondément la contrée des oasis et effacé les traces de la situation que l'auteur a décrite.

ont amenées à la surface du sol. En accomplissant la mission qui m'a été confiée par le gouvernement, en 1850-1851, j'ai visité cette ligne extrême de bourgades sahariennes, depuis la frontière tunisienne jusqu'à Ouargla et le Mzab inclusivement. J'ai recueilli, par l'observation directe, de nombreuses notions sur les puits artésiens du désert. Le séjour prolongé que j'ai fait dans l'Oued Rir', où cette industrie est généralement répandue, m'a surtout permis d'obtenir de précieux renseignements; j'ai pu y suivre les travaux complets du forage, prendre des échantillons des terrains traversés. Je m'y suis trouvé, d'ailleurs, en relation avec les fontainiers les plus habiles, notamment avec le célèbre Ahmed ben Tatta, dont le nom est populaire dans tout le Sahara oriental. Les explications des hommes du métier sont ainsi venues se joindre à mes observations personnelles pour les compléter et les éclairer.

Ceci n'est pas seulement une question scientifique. La prospérité de la plupart des oasis algériennes est intimement liée à l'extension et au perfectionnement du forage artésien, résultats avantageux qui s'obtiendraient facilement par l'industrie européenne, et ne seraient pas infructueux pour elle. Notre domination aurait surtout à y gagner; car multiplier les sources jaillissantes dans le Sahara, en rendre le percement plus facile, moins coûteux, la durée plus grande, c'est augmenter les moyens de subsistance, et par conséquent la population. En se créant de nouveaux contribuables et plus productifs, on aurait aussi des sujets plus soumis. L'importance et la fixité des intérêts que nous aurions réussi à développer seraient un gage certain d'obéissance : une population riche et attachée au sol hésite à se révolter; ou, si elle le fait, on a prise sur elle et l'on peut au moins lui faire payer les frais de la guerre.

J'ose espérer, qu'après avoir parcouru mon travail, le lecteur pensera aussi que ces résultats n'ont rien de chimérique. C'est ce qui m'a surtout engagé à le faire paraître. Les seuls

changements que j'aie cru devoir faire à la rédaction primitive, telle qu'elle a été adressée
à l'Académie des sciences, se bornent à des mo-
difications dans la forme, et à la suppression
de quelques détails techniques, qui eussent été
sans intérêt pour le public en général.

Les eaux jaillissantes qui arrosent la majeure
partie des oasis les plus méridionales de l'Algérie, se divisent en deux classes. Celles qui
sont amenées à la surface par le travail de
l'homme, et celles qui paraissent y arriver naturellement. Je dis *paraissent*, parce qu'il se
pourrait bien que toutes, ou à peu près, fus-
sent de la première espèce; et que la plupart
de celles qui semblent l'œuvre de la nature,
eussent été élevées artificiellement, à une époque dont les populations locales ont perdu le
souvenir.

Les Sahariens n'ont pas de mot particulier
pour désigner les puits artésiens : ils les appellent *aïoun*, nom des fontaines, en général ;
mais ils aiment, en en parlant, à se servir
d'expressions pittoresques qui semblent s'adres-

ser à des êtres animés, se complaisant ainsi à leur prêter la vie qu'ils en reçoivent. Tant que la source jaillissante abreuve fidèlement les racines de l'arbre qui nourrit le Sahara, elle est vivante (*haïa*). Vient-elle à se tarir, on la dit morte ; et elle prend alors le nom d'*Aïn-Mita*, désignation trop fréquente dans ces régions désolées, où le sable s'accumule principalement autour des oasis, parce que là se trouvent les seuls obstacles que les vents rencontrent dans ces plaines immenses.

Il y a dans le désert des puits artésiens, — et c'est le plus grand nombre, — dont on sait l'origine, dont la durée est prévue, et souvent même très-limitée. Il en est d'autres qui semblent devoir couler éternellement, d'après la solidité des couches où ils sont percés, et dont l'origine ne paraît pas connue.

Aux questions que l'Européen ne manque pas de faire sur ces sources jaillissantes dont les eaux s'épanchent depuis des siècles et ont donné naissance, soit à des puits indestructibles, soit à de mystérieux étangs artésiens

(*Bhour*), — l'indigène ne sait répondre que par une légende.

« *Dou 'l Kornin*, dit-il, voulait offrir chaque
» jour de l'eau nouvelle à sa femme; et cha-
» que jour perçant le roc avec (*une*) *tarière*,
» il en faisait jaillir une source nouvelle. »

La mention de la tarière est ici d'autant plus curieuse que cet instrument n'est nullement employé aujourd'hui dans le percement des puits artésiens. Un pareil souvenir, conservé par la tradition, semble indiquer que les oasis ont été habitées jadis par des peuples plus avancés en civilisation que ceux qu'on y rencontre aujourd'hui.

Le surnom de Dou 'l-Kornin a été donné à divers personnages antiques, parce qu'ils ont, disent les historiens musulmans, subjugué les deux extrémités ou *cornes* du monde, c'est-à-dire l'Orient et l'Occident. Le grand Alexandre est un de ces conquérants, mais ce n'est pas de lui qu'il s'agit dans la légende saharienne.

Le Dou 'l-Kornin dont elle parle se nommait *Khedeur* (le verd, le verdoyant); c'était un prophète contemporain d'Abraham. Il a vécu 1600 ans, disent les uns, il vit encore et vivra toujours, affirment les autres. Car il est immortel et jouit d'une santé toujours florissante, parce qu'il a trouvé *la fontaine de vie,* et que, selon l'expression d'un poète persan, *il y a bu à longs traits.*

Ce récit a tous les caractères d'un mythe : Khedeur, le Verdoyant, ne semble-t-il pas être la personnification de la verte oasis, qui devient, en effet, florissante et immortelle, dès qu'elle peut boire à longs traits l'eau des sources jaillissantes? Si l'explication n'est pas vraie, elle est au moins assez vraisemblable.

Voici une autre tradition antique à ce sujet.

Volney, dans son *Voyage en Syrie,* parle des puits de Salomon, auprès des ruines de Tyr. La colonne d'eau qui remplit le puits « est élevée de quinze pieds au-dessus du sol. En outre, cette eau n'est point calme, mais elle ressemble à un torrent qui bouillonne et se répand à flots par des canaux pratiqués à la surface du puits; telle est son abondance qu'elle

fait marcher trois moulins qui sont auprès. »
(V. *Journal des Savants,* 1836, p. 299).

M. de Lamartine nons donne en ces termes
la description de ce fameux puits :

« On dit que Salomon fit construire ces trois
puits (ceux de Salomon, au milieu de la plaine
de Tyr) pour récompenser Tyr et son roi Hiram
des services qu'il avait reçus de sa marine et
de ses artistes dans la construction du temple.

« Ces puits immenses ont au moins 60 à 80
pieds de tour; on n'en connaît pas la profondeur, et l'un d'eux n'a pas de fond. Nul n'a
jamais pu savoir par quel conduit mystérieux
l'eau des montagnes peut y arriver. Il y a tout
lieu de croire en les examinant que ce sont
de vastes puits artésiens inventés avant leur
réinvention » (*Voyage en Orient,* tom I, p. 311).

En observant attentivement les localités, on reconnaît que le forage artésien doit être pour
ainsi dire immémorial dans l'oued Rir'; car
la plupart des oasis de cette région ne pourraient pas subsister, ne se seraient même jamais
créées sans le concours des sources jaillissantes.

On verra un exemple récent de cette vérité à propos du *Bahar* de *Tebaïche*. Or, l'existence de nos oasis méridionales se trouvant établie historiquement à des époques très-reculées, on peut en conclure que la connaissance des puits artésiens y est fort ancienne. La vue de quelques sources qui y jaillissaient naturellement aura donné l'idée du forage artificiel; il est même plusieurs endroits où le percement d'un puits pour la recherche d'une source ordinaire aura suffi pour amener un filet de la nappe souterraine à la surface; car il y a des points, dans l'Oued Rir', où ce résultat s'obtient à 10 mètres seulement de profondeur.

Le premier, en Europe, Shaw a parlé des puits artésiens de notre Sahara. En publiant le voyage du pèlerin El-Aïachi (1), j'ai produit sur le même sujet un témoignage antérieur et qui remonte à 1663. Depuis que le savant orientaliste M. de Slane a fait paraître le texte de l'historien Ebn-Khaldoun, on a un témoignage

(1) Tome IX de l'*Exploration scientifique*.

plus ancien encore. Je reviendrai plus loin sur ces diverses autorités.

Mais on savait depuis longtemps qu'il avait existé de ces sources jaillissantes en Égypte. Olympiodore les mentionne dans le vi^e siècle de notre ère. M. Ayme, chimiste et manufacturier français, en a retrouvé quelques-unes qui ramenaient du poisson d'une profondeur de 108 mètres, singularité observée également dans le puits artésien d'Elbeuf et que j'ai aussi constatée à Ouargla.

D'après M. Fresnel, des puits artésiens se rencontrent dans presque toutes les oasis du Sahara. Ceux de Barka, en Libye, ont excité son admiration. Il les rapporte à l'époque des Pharaons (*Lettres* à M. Mohl, *Journal asiatique*, janvier 1849, p. 58).

On ne peut s'étonner qu'on ait ignoré en Europe l'existence des nombreux puits artésiens de l'Afrique, puisqu'on ignorait tout récemment en France que le modèle exact de la fameuse sonde employée par M. Mulot, pour le forage du puits de Grenelle se trouve très-minutieusement décrit dans un catalogue des inventions de la collection curieuse exposée à Dresde en 1715; particularité que l'auteur du *Vieux neuf* a fait connaître dans le feuilleton du *Siècle* du 19 novembre 1853.

Je ne m'arrêterai pas davantage sur ces généralités. Ceux qui seraient curieux de connaître cette face de la question avec plus de détails, peuvent lire l'excellente notice de M. Arago, insérée dans l'*Annuaire du bureau des Longitudes*, année 1835.

Le forage artésien ne se pratique guère plus que dans le Rir' oriental. On rencontre, il est vrai, des puits de ce genre à Ngoussa et à Ouargla, mais ils sont anciens. On en jouit, on les entretient; on n'en perce guère de nouveaux. Car, dans ces deux oasis, il faut, pour arriver à la nappe souterraine (*bahar tahtani*), traverser d'épaisses couches de roche; et l'on n'a plus la tarière de Dou 'l-Kornin.

Mais, dans le canton de Tougourt, entre les collines du Dour, qui, au nord, le séparent des Ziban, et Sidi bou Hania, qui en forme l'extrémité méridionale, le sol est comme criblé de sources jaillissantes que le travail humain a amenées, ou amène chaque jour à la surface. Celles-ci, véritables puits artésiens, s'élèvent d'une excavation artificielle, à orifice carré, dont chaque côté est large de 70 centimètres à 1 mètre. Ces parois sont cuvelées, c'est-à-dire qu'elles sont revêtues dans toute leur longueur (sauf dans les endroits qui correspondent à des couches rocheuses), d'un boisage en dattiers, les seuls arbres du pays qui soient et puissent être employés dans ces constructions.

Quant aux étangs appelés *bahar*, alimentés par une source jaillissante naturelle, ou par un puits foré dans la roche, dont l'origine est inconnue, ils ont quelquefois une étendue considérable. Les plus remarquables de l'Oued Rir', sont *Merdjadja* entre Tougourt et Temacin, et *Bahar el-Salehin* (1); celui-ci s'étend à l'Est de cette dernière ville et baigne les plantations

---

(1) *Bahar Merzioui*, grand étang qui se trouve aussi auprès de Temacin, mais au N.-O. est alimenté par des sources ordinaires.

de palmiers de ses deux faubourgs Hafafra et Barbïeu. On l'appelle encore Tabharit, berbérisation du mot Bahar. Sur un de ses bords et touchant la route de Souf, on voit une petite *koubba* ou chapelle consacrée à une sainte femme qu'on appelle — faute sans doute de connaître son vrai nom, — *Lella Baharia*, ou la Dame du Lac. Dans le Tel, on désigne par l'épithète de Sidi *Mokhfi* (caché), tout marabout dont le nom est inconnu.

La plupart de ces étangs artésiens servent à arroser les palmiers. Beaucoup de petites oasis n'ont pas d'autres moyens d'irrigation. C'est du reste une bonne fortune pour elles, car elles n'ont pas alors besoin de dépenser beaucoup d'argent pour forer des puits qui souvent se bouchent après un petit nombre d'années. Cependant, si par une circonstance très-rare, mais qui n'est pas sans exemple, l'étang vient à se tarir, les palmiers meurent et la population disparaît. J'ai visité l'oasis de Tebaïche, située entre Mr'ïer et Tougourt: il n'y restait plus un seul habitant: ses dattiers dépouillés de leurs palmes et enfoncés dans le sable, semblaient les mâts d'une immense flotte échouée. Avant de se résigner à ce triste naufrage, les cultivateurs de Tebaïche avaient remué en tous sens l'entonnoir d'où montait l'eau de leur étang et l'avaient fouillé à une grande profondeur; mais leurs peines avaient été inutiles : les travaux les plus acharnés n'avaient pu ramener à la surface la source jaillissante qui fécondait leur oasis. Dieu leur retirait ce qu'il avait donné à leurs ancêtres ! Ils acceptèrent avec une résignation toute musulmane ce funeste décret du destin et se dispersèrent dans les oasis voisines. Cet évènement est arrivé il y a treize ans (1).

Dans cet étang de Tebaïche, d'où l'eau s'était retirée si malheureusement, et dans quelques autres, j'ai pu constater qu'il y avait eu travail humain, au moins dans le creusement de l'orifice supérieur, qui m'offrait la forme d'un entonnoir à gradins concentriques, diminuant

---

(1) V. dans le *Voyage en Bokharie*, p. 63, des faits analogues de disparition des eaux de rivière dans les sables ou steppes.

de diamètre de haut en bas. On conçoit qu'il ne m'ait pas été possible de reconnaître si le tube qui rattachait cet entonnoir à la nappe souterraine était naturel ou artificiel.

Voici l'énumération complète des *bahar* ou étangs artésiens de l'Oued Rir' oriental relevés du nord au sud et sur les deux routes qui conduisent des Ziban à Tougourt.

El-Ourir. Cette petite oasis, où l'on ne trouve d'autres habitants que l'oukil d'une mosquée en ruines, est la première que l'on rencontre en venant par le nord. Ses palmiers, très-peu nombreux et qui appartiennent, partie aux Selmïa, partie à des Rouar'a, sont irrigués par un *bahar* dont l'eau est rare et mauvaise.

Nsir'a. — Cette petite oasis inhabitée est à quatre cent mètres au sud de la précédente. Elle a un *bahar* ou étang artésien, dont la tradition attribue le percement à Dou 'l-Kornin. Ses palmiers appartiennent aux Selmïa et à la Zaouïa des Oulad Embarak Saïm, de Mr'ïer. Les plantations bordent la rive occidentale du grand Chot, qui prend le nom de Melr'ir un peu au nord d'El-Ourir. A la hauteur de Nsir'a, on l'appelle *Bakhbakha* (1); il est très dangereux de s'y hasarder en hiver; et, plus d'une fois des bêtes de somme et même des hommes y ont été engloutis dans le terrain rendu mouvant par l'eau qui le pénètre sans le recouvrir.

Sur la carte de MM. Carette et Warnier, Nsir'a est placé *au sud* de Mr'ïer, tandis qu'il se trouve *au nord* de cette bourgade. L'erreur est grave, mais on la conçoit, ces auteurs n'ayant jamais vu le pays. On s'étonne davantage de retrouver la même fausse indication sur la carte de M. Prax, qui a suivi la route de Tougourt à Biskara. Je n'ai pu m'expliquer une pareille faute de la part d'un voyageur ordinairement très-exact, qu'en apprenant qu'il avait passé par le désert de Mor'eran, c'est-à-dire à l'ouest et peut-être même hors de vue d'El-Ourir, qu'il place également et à tort au sud de Mr'ïer.

Oriana, autre bourgade abandonnée. Aujour-

(1) *Bakhbakha* se dit de toutes les fondrières de cette espèce.

d'hui, ses ruines se réfléchissent tristement dans le bahar qui jadis irriguait les dattiers. Au milieu des plantations, se trouve un second étang artésien, mais peu abondant.

Oriana a eu sa part des dictons satiriques que le célèbre Bou Mkhebeur a prodigués aux habitants de l'Oued Rir'; mais l'épigramme adressée aux gens d'Oriana, et relative à certain embonpoint partiel, assez rare chez les hommes, ne souffre pas la traduction dans notre langue.

Ce Bou Mkhebeur est un personnage historique; il a été l'éclaireur de la deuxième invasion arabe, au ve siècle de l'Hégire, et son nom, ou pour mieux dire son surnom, vient de ce qu'il allait sans cesse aux *nouvelles*, afin d'informer les siens des projets et des mouvements de l'ennemi.

Djamâ, joli village d'à peu près 200 habitants, a un bahar qui occupe le sommet d'une petite colline sablonneuse; il ne donne pas beaucoup d'eau.

Tineguidin. Son étang artésien s'appelle *Aïn-*

Zerga. Il est au milieu des palmiers et figure parmi ceux dont les indigènes prétendent qu'on n'en trouve pas le fond.

Sidi-Amran, jolie zaouïa, qui compte une centaine de maisons. Elle a aussi un de ces bahar dits sans fond. Celui-ci, quoique fournissant beaucoup d'eau, n'a pas plus de 40 mètres de largeur.

Sur la route occidentale, on trouve :

Tebaïche. J'ai déjà parlé de cette oasis abandonnée.

Sidi-Yahya, à 8 kilomètres au sud-ouest de l'oasis précédente, n'a qu'un petit bahar, qui ne peut fournir aux besoins de l'irrigation. On y supplée par des puits dans le genre de ceux de l'Oued-Souf.

Tamerna-Djedida, à 7 kilomètres plus au sud. Cette oasis a *Bahar-Orlan* et *Bahar el-Araïs*, ce dernier célèbre par la mort de deux fiancés qui s'y noyèrent en même temps; d'où lui est venu son nom.

Tattaouin est un petit étang situé presqu'aux portes de Tougourt; il est alimenté par deux sources artésiennes. De là, son nom qui, en langue du pays, signifie *les deux sources*, ou *les deux yeux*, car, dans cet idiome berber comme en arabe, le même mot exprime ces idées différentes.

Des plongeurs de l'Oued Rir' m'ont assuré avoir fait de vains efforts pour atteindre le fond de ces deux sources. Je reproduis leur assertion sans la garantir.

Merdjadja, Bahar el-Salehin, et *Bahar Merzïoui* se trouvent, les deux derniers auprès de Temacin, et le premier entre cette ville et Tougourt. Je n'ai rien à ajouter à ce que j'en ai déjà dit.

Après avoir énuméré tous les étangs artésiens de l'Oued Rir', — dont, à ma connaissance, on n'avait guère parlé jusqu'ici, — je dirai que je n'en ai pas trouvé un seul de ce genre, hors de cette contrée.

Quant à leur nature, je crois, d'après les observations que j'ai pu faire sur quelques-uns, que la plupart sont de véritables puits artésiens, mais creusés sans doute dans le roc, ce qui explique leur durée. S'ils constituent quelquefois une sorte de pièce d'eau ou même d'étang, cela tient à la forme du terrain au centre duquel ils ont été percés.

Avant de parler des puits artésiens proprement dits, il faut donner une idée générale de la configuration physique du pays où ils sont percés.

C'est une digression indispensable pour faire comprendre tous les développements que le sujet exige.

Un cavalier, marchant au bon pas du cheval arabe, et qui irait de Biskara à Tougourt, arriverait vers le milieu du deuxième jour à une chaîne de petites collines gypseuses appelées *Ed-Dour*. C'est la limite qui sépare les Ziban de l'Oued Rir'. Lorsque Sidi Okba, le célèbre conquérant arabe, était encore dans le nord du Sahara, il envoya sommer les noirs habitants des oasis méridionales d'embrasser l'islamisme et de se soumettre à lui. Ceux-ci, — que la grâce n'avait pas encore touchés, — répondirent : « Quand Sidi Okba aura triomphé des

« Chrétiens et des Berbers blancs, nous ferons
« ce qu'il demande. »

Sidi Okba, après de brillantes victoires rem-
portées dans les Ziban, se dirigea enfin vers
le sud avec son armée. Arrivé aux collines de
Dour, et déjà fatigué des solitudes désolées qu'il
venait de parcourir, il s'arrêta pour contempler
les steppes immenses qui se déroulaient devant
lui. Pour peu que le mirage y aidât, il dut se
croire en face d'une vaste mer. Le panorama
était magnifique et capable d'enflammer l'en-
thousiasme d'un artiste; mais le chef d'un peu-
ple qui abandonnait un pays de déserts pour
chercher des terres fertiles, ne dut pas être
enchanté du coup-d'œil. Bref, après une courte
inspection, Sidi Obka ne pensa pas que le Rir'
méritât l'honneur de sa visite; et renonçant à
pousser plus loin, il *tourna* aussitôt bride vers
le nord. De là, les collines historiques où il
inscrivit son *nec plus ultrà*, reçurent le nom
de *Dour*, que l'on pourrait très-bien traduire
par *tourne-bride*, si l'on s'en tenait à la valeur
étymologique du mot.

La chaîne basse du Dour, qui sous des noms divers se prolonge fort loin au sud-ouest, est quelque chose de plus qu'une limite géographique entre deux cantons : c'est une ligne de démarcation profonde, une sorte de cordon sanitaire naturel ; car, pour me servir du vocabulaire local, elle sépare la terre de la maladie du pays de la santé, les contrées de l'eau des cantons de la soif.

En effet, au sud du Dour, des eaux abondantes jaillissent de la mer souterraine, mais aussi les ravages de l'*Oukheum*, cette véritable peste endémique de l'Oued Rir', établissent une cruelle compensation. Au Nord, s'étend une contrée saine, mais presque entièrement dépourvue d'eau, si ce n'est auprès des montagnes du Tel.

L'alternative se trouve ainsi nettement posée pour l'homme blanc dans notre Sahara. Ici, se bien porter, mais mourir de soif ; là, boire à souhait, mais périr de la fièvre pernicieuse. Il n'y a que la race noire des Zenata, mêlée de quelques débris des Sanhadja, qui puisse vivre à toute époque dans cette terre classique de l'*Oukheum*.

Tout ce qui a la peau plus ou moins blanche : Nomades du Sahara, Troud de l'Oued Souf, Mozabis ou Juifs, s'enfuient précipitamment des oasis du Rir', dès que les eaux stagnantes prennent la plus petite teinte rouge, dès que les moucherons appelés *Ouche-Ouache* ont commencé à paraître.

Aussi, les anciens ont respecté cette limite fatale du Dour : j'ai visité avec soin toutes nos oasis méridionales, grandes ou petites; et je n'ai pu y découvrir le plus léger vestige d'une construction romaine (1). On a vu que la conquête arabe s'y est arrêtée comme devant les flots de l'Océan Atlantique.

Les Turcs, en trois siècles de domination, ont franchi trois fois le Dour : Salah Raïs pacha, en octobre 1552, alla jusqu'à Ouargla, tour de force que nul pacha, ni bey, n'a tenté

(1) J'en ai vu chez les Beni-Mzab, mais ce pays est au nord de la limite fatale qui se trouve à un endroit appelé El-Mihad, entre Ngoussa et Guerara.

après lui. — Salah, bey de Constantine, vint mettre le siége devant Tougourt, en 1789. Enfin, Ahmed, également bey de Constantine, et surnommé *el-Mamlouk*, assiéga aussi Tougourt en 1821. Ces rapides incursions ont été suivies de retraites plus rapides encore.

Je dirai plus tard pourquoi la France fera peut-être plus sous ce rapport que les conquérants qui l'on précédée; ce n'est pas qu'on puisse compter sur une colonisation européenne de ce côté. Pour donner une idée du peu de probabilité qu'il y a de réussir à implanter notre race dans les oasis méridionales, je me contenterai de dire que pendant mon séjour à Ouargla, le thermomètre marquait tous les jours à midi, à l'ombre, — et dans le mois de *février*, — de trente-deux à *trente-trois degrés* centigrades au-dessus de zéro! Cela fait pressentir l'insupportable température qu'on doit y avoir en été.

Du sommet des collines du Dour, — c'est-à-dire d'une hauteur qui ne dépasse point 50 mètres au-dessus de la plaine, — on aperçoit,

au nord, les majestueuses montagnes de l'Aurès. Mais, pour le voyageur qui arrive du Tel,
ce n'est pas de ce côté que l'attention se porte.
L'aspect de l'Oued Rir' captive bien davantage :
on se croit transporté sur les bords de la Méditer-
rannée, lorsque nul souffle n'en ride la surface.

Au sud, El-Our'ir et Nsir'a, confondues en
une seule oasis, par un effet de la distance,
peuvent être prises facilement de loin pour un
gros vaisseau à l'ancre.

Sur la gauche, s'étend l'immense et mystérieux Melr'ir qui reçoit, outre les eaux du
Tel, celles du Sahara, celles même de la *mer
souterraine* que l'irrigation des palmiers n'a pas
absorbées. Là, vient aboutir le grand Chot qui
commence au sud de Tougourt, sorte de rivière
qui a son lit bien indiqué, et nettement cir-
conscrit par des berges, surtout à son bord
oriental.

Mais, dans ce fleuve bizarre, dont le cours
n'est pas moindre de cent vingt kilomètres,
les eaux, glissant entre une couche inférieure
imperméable et la couche superficielle, qui est

très-meuble, ne trahissent leur passage que par quelques flaques qui se forment dans les endroits déprimés; ailleurs, on les devine seulement à la couleur foncée que prend le thalweg sur la ligne où il se trouve constamment humecté(1). Toutes les eaux du Rir' s'en vont ainsi vers le nord, à moins qu'un obstacle local ne les force à rester stagnantes. Le superflu de l'irrigation des palmiers des oasis occidentales et les torrents qui viennent de l'ouest se dirigent vers l'est, pour aboutir aussi au Melr'ir. En somme, la contrée a une pente prononcée du sud-ouest au nord-est.

Le Sahara partage avec la mer l'avantage d'être presque partout uniforme sans cependant être jamais monotone. Sa configuration générale est peu variée : en décrivant l'Oued Rir', je puis décrire le reste sans que la digression me mène bien loin.

Qu'on se figure un immense damier dont les

(1) Ceci explique, je crois, pourquoi des voyageurs parlent d'une rivière dans le Rir', tandis que d'autres affirment qu'il n'y en a pas.

cases seraient rondes et de dimensions différentes, au lieu d'être carrées et de même mesure ; et l'on a la charpente exacte du Sahara.
Ces bassins seront caillouteux dans les Ziban,
sablonneux dans l'Oued Souf, pierreux dans
le Mzab, à fond de terre salée dans l'Oued Rir'.

Dans ce dernier cas, on les appellera *sebkha*.
La sebkha prendra le nom de *chot*, si elle est
habituellement couverte, ou même imbibée d'eau.
On désignera par le mot *chemorra* la partie de
son bassin qui recevra le superflu des irrigations.

Quant aux bassins caillouteux ou pierreux,
ils s'appelleront *mader*, s'ils n'ont pas une très
grande étendue ; *daïa*, s'ils sont vastes et prennent une forme allongée ; *oued*, enfin, si, sous
cette dernière forme, ils se continuent pendant
quelques heures de marche. Lorsque, voyageant
pour la première fois dans le Sahara, on entend
parler à chaque instant de ces *oued*, on espère
toujours que parmi tant de rivières, on trouvera bien un peu d'eau. Il est très rare que cet
espoir soit satisfait. *Oued* est, sous ce rapport,
une appellation plus décevante encore que *mouïa*

(diminutif de *ma*) qui indique presqu'aussi souvent un endroit où il a eu de l'eau qu'un endroit où il y en a.

Si vous tenez à donner à ce squelette du Sahara des muscles et un épiderme, placez dans la sebkha quelques rares plantes grasses, imaginez dans les *mader* et les *daïa* des variétés de genêts, des jujubiers sauvages, etc.; en fait de grands végétaux, prêtez-leur même des térébinthes, comme il s'en voit beaucoup entre le Mzab et Lagouat. Revêtez en hiver et au printemps le fond de ces bassins d'un tapis d'herbe courte et rare, d'un tapis d'*acheb*, ce fourrage du désert; et vous aurez, de ces contrées, une idée aussi exacte qu'il est possible de l'avoir sans les visiter.

L'Oued Rir' est donc une longue succession de ces bassins appelés sebkha. Les villages sont généralement bâtis aux points de contact de ces bassins, parce que là se trouvent les *hammad*, ou collines qui les séparent. Puis la forêt de dattiers s'étend au-dessous des mamelons, empiétant plus ou moins sur la ou les scbkha environnantes, selon l'importance de la population qui exploite.

Mais si le sol de l'Oued Rir' oriental est assez uniforme, il n'en est pas de même du sous-sol. Les travaux de forage font reconnaître qu'il y a sur cette bande, d'environ 120 kilomètres, du nord-est au sud-ouest, de grandes différences dans la nature des couches, et des épaisseurs très-diverses à traverser pour atteindre la nappe jaillissante.

Sur certains points on n'a que de l'argile à percer pour arriver au *Bahar-Tahtani* (mer inférieure); car les faibles strates de calcaire qui interrompent parfois cette couche puissante, n'ont aucune importance sous le rapport de la dureté et de l'épaisseur. Dans quelques endroits, on trouve l'eau jaillissante à 10 mètres; ailleurs, il faut creuser jusqu'à 75. Mais ceci constitue une très rare exception.

En général, les plus petites profondeurs et la prédominance de l'argile se remarquent dans le sud du Rir'. Au nord, et surtout au centre, il faut creuser davantage et traverser parfois de fortes couches rocheuses ; mais s'il y a plus de travail, et par conséquent de dépense, les puits durent beaucoup plus longtemps que ceux du midi, car dans le système actuel de forage saharien, la durée des sources jaillissantes artificielles est en raison de la résistance des couches à traverser.

L'Oued Rir', étudié à ce point de vue, m'a fourni les observations que voici :

A *Mr'ïer*, la première oasis habitée que l'on rencontre en venant par le nord, l'eau jaillit habituellement après un forage de 40 à 45 mètres ; les puits n'y *meurent* pas aussi promptement que sur d'autres points, parce que l'excavation traverse trois couches calcaires assez dures qui interrompent l'argile rouge.

Malheureusement pour cette bourgade, la nappe souterraine est précédée par des eaux parasites d'une telle puissance, qu'elles obligent souvent à abandonner l'entreprise. Quand, malgré cet obstacle, on parvient jusqu'à l'eau jaillissante, on la trouve plus abondante qu'à Sidi-Khelil, oasis voisine.

Bou Mkhebeur a flétri les gens de Mr'ïer de l'épithète de *douab*, ânes, mais s'ils ont les défauts de cet animal, ils en ont les qualités, entre autres la persévérance, vertu qui est mise souvent à une rude épreuve dans le forage de leurs puits artésiens.

Sidi-Khelil. — Ses puits ont de 37 à 40 mètres. Ils sont faciles à creuser ; mais ils ne durent pas plus de cinq à six ans, et ils fournissent peu d'eau. Cette oasis est à 14 kilomètres au sud-ouest de la précédente. C'est la plus grande distance qu'il y ait dans l'Oued Rir' oriental, d'une oasis à l'autre.

Moggar. — Il y a un ancien puits qui ne donne que fort peu d'eau. Le nouveau, qui est très abondant, a coûté cher aux habitants. Les eaux parasites, surtout celles qu'on nomme dans le pays *oued el-fassed* (la rivière corrompue) et aussi *ma mahsad*, avaient arrêté le forage et faisaient perdre tout espoir de réussite, lorsque le cheikh de Tougourt intervint et fit venir cent cinquante hommes des villages voisins. Ce ne fut qu'après deux mois d'un travail incessant, pendant lesquels le village les nourrissait, que les travailleurs parvinrent à surmonter l'obstacle.

Quand l'*oued el-fassed* fait ainsi irruption, il remplit l'excavation commencée d'une eau noire et tellement fétide que je ne comprends pas comment les ouvriers peuvent descendre et séjourner dans les puits. J'en ai pourtant vu plusieurs exemples; le plus remarquable a été à Bou Heumar, village de la banlieue de Temacin. Je ne pouvais rester plus de cinq minutes à côté du puits infecté, tandis que les Rouar'a qui en remontaient ne paraissaient pas fort incommodés. Si Moggar n'avait pas été une espèce de fief de Lella Aïchouche, qui en percevait la *r'arama*, ou impôt, il n'aurait probablement pas obtenu le concours puissant auquel il doit sa nouvelle fontaine; et il est probable alors qu'il aurait eu, à peu près, le sort de Tebaïche.

Tamerna. — L'eau jaillissante de cette oasis n'amène pas de sable, circonstance précieuse, qui dispense du concours très coûteux des plongeurs. Après les sept premiers mètres, ses puits sont creusés dans la pierre. Leur maximum de profondeur est de 45 mètres. Dans la *chemorra*, ou chot formé de l'eau surabondante qui sort des plantations de dattiers, on a creusé jusqu'à 55 mètres sans trouver la nappe artésienne. Les habitants m'ont dit qu'à 5 mètres plus bas, ils l'auraient infailliblement rencontrée; mais que l'eau parasite les avait *vaincus*.

Dans les excellentes conditions des puits de Tamerna, le boisage n'est nécessaire que pour les 7 premiers mètres de l'excavation. Au-delà, se trouve la roche. Il y a même de ces puits dont le boisage de la partie supérieure est pourri depuis longtemps et qui continuent de couler.

Tamerna se trouve, sous ce rapport, dans les mêmes conditions que Ngoussa et Ouargla.

Bourkhès, près de Megarin. Les puits artésiens y ont 75 mètres de profondeur, dont les 25 derniers, dans la roche, n'exigent pas de cuvelage. Ils ont de l'eau en abondance et durent très longtemps.

Megarin el-Djedida n'a qu'une fontaine, mais elle donne beaucoup d'eau. Creusée il y a une vingtaine d'années, elle a coûté la vie au *haffar* (mineur). Cet infortuné avait à peine achevé de percer la dernière couche, qui était épaisse de 50 centimètres, que l'eau et le sable montèrent en tourbillonnant avec une telle violence qu'il fut roulé au fond du puits comme par une vague puissante. Il était déjà asphyxié lorqu'on parvint à le retirer de cet abîme.

Tebesbest, village considérable, et qui l'a été bien plus autrefois, est à environ 2,000 mètres à l'est de Tougourt. C'est, au point de vue de l'irrigation, le parasite de ces oasis. On ne se donne pas la peine d'y creuser des puits artésiens, parce qu'on a trouvé moyen de profiter, sans bourse délier, de ceux des habitants de Nezla. Dans les plantations de ce dernier village, qui touche presque au fossé de Tougourt, les sources jaillissantes artificielles sont plus nombreuses qu'en aucun autre endroit du Rir'. L'eau qui n'est pas absorbée par l'arrosement va se jeter dans un grand canal appelé

Hammala qui aboutit à la chemorra de Tougourt. Mais comme ce canal passe non loin de
Tebesbest, les habitants ont eu l'idée ingénieuse
d'en détourner une branche sur leurs jardins,
qu'ils arrosent abondamment et sans qu'il leur
en coûte rien. Les propriétaires de Nezla en
murmurent; mais, à leur grand regret, ils n'ont
pu découvrir jusqu'ici dans les livres de la loi
aucun prétexte à réclamation.

Tougourt, Temacin et Blidt-Ameur sont à
peu près dans les mêmes conditions de forage,
sauf l'épaisseur des couches à traverser, qui est
moindre dans les deux dernières oasis que dans
la première.

Les faits que je viens d'exposer conduisent
à certaines conséquences que j'indiquerai lorsque j'aurai donné tous les éléments de la question, en traitant des puits artésiens de Ngoussa,
de Ouargla et du Touat.

Je vais m'occuper maintenant du forage dans
le Rir' oriental. Les détails dans lesquels j'ai
cru devoir entrer jusqu'ici ont suffisamment facilité l'intelligence de cette curieuse opération.

Nezla, l'oasis, où l'on creuse le plus de puits artésiens, se trouve à quelques pas de Tougourt, où j'ai séjourné pendant près de deux mois. Le kaïd qui l'administre, Si Mohammed ben el-Goubbi, plus connu sous le nom de Mgueddem (1) Bou-Chemal, s'était lié d'amitié avec moi ; et je trouvai en lui le même empressement, la même bienveillance qu'il avait témoignés, en 1847, à M. Prax, dont il a conservé (ainsi que tous les chefs du pays qui y ont connu ce voyageur estimable à tous égards) le souvenir le plus affectueux.

Bou-Chemal, un des plus grands propriétaires de palmiers de l'Oued Rir', était sur le point d'entreprendre le forage d'un puits artésien, lorsque j'arrivai à Tougourt. Pouvoir étudier à plus de cent lieues de la côte, en plein Sahara, et dans des contrées barbaresques, un procédé industriel qui ne s'est répandu dans notre Europe civilisée que depuis un bien pe-

---

(1) *Mgueddem*, ou *Mokaddem*, selon la prononciation algérienne, a, dans la pratique, à peu près la même signification que caïd.

tit nombre d'années, c'était une bonne fortune que je devais saisir avec empressement.

Je désire que le lecteur trouve dans la description que je vais faire, une partie de l'intérêt que j'ai éprouvé à en recueillir les éléments.

C'est au milieu des plantations de Nezla, dans un enclos qui touche aux ruines de la vieille Tougourt, — cité dont une légende locale explique l'abandon par la multitude des scorpions qui l'infestaient (1), — que le Mgueddem avait résolu de creuser un puits artésien. Le terrain où il allait opérer est assez connu des indigènes par une multitude de forages antérieurs pour qu'il sût, à peu près, la nature, la quantité et l'importance des obstacles qu'il aurait à vaincre et qu'il pût presque fixer le terme de l'entreprise ; — en supposant, toutefois, des conditions normales. Car, s'il venait à rencon-

(1) Cette fois, la légende ne paraît point fabuleuse. J'ai vu travailler la terre sur l'emplacement de cette ville antique. Presque à chaque coup de houe, le laboureur ramenait des scorpions à la surface. Ils étaient engourdis, car l'hiver régnait alors.

trer un endroit pénétré par des eaux parasites abondantes, ou s'il avait à traverser des couches pierreuses plus épaisses et plus dures qu'à l'ordinaire, ses prévisions de temps et de dépenses pouvaient se trouver singulièrement dépassées.

Pendant plusieurs jours, Bou-Chemal fut tout-à-fait absorbé par les préparatifs de l'œuvre qu'il avait en vue. On le comprendra, lorsque j'aurai énuméré la série d'opérations qui doivent précéder le forage.

Quand un habitant de l'Oued Rir' veut doter son enclos d'une source jaillissante, il fait d'abord, à *Bab el-Khodra* (1), une provision de

(1) *Bab el-Khodra*, Porte aux Légumes, parce que le marché aux *légumes et herbages* (khodra), est auprès. Quelques personnes ont traduit *porte verte*, ce qui est une erreur.

M. Prax lui donne le nom de *Bab el-Khokha*, par lequel les habitants de Tougourt la désignent aussi, en effet ; mais il se trompe en interprétant cette désignation par *Porte du Pêcher*. Ici, le mot *Khokha* signifie une petite porte qui ouvre dans un des vantaux d'une plus grande, ce qui est le cas pour l'entrée principale de Tougourt. Il fallait donc traduire : *la porte au guichet*.

cordes de *lifa* (1). Ces cordes serviront aux mineurs et aux plongeurs pour descendre dans les puits ; elles serviront aussi à manœuvrer les seaux (*delou*) et les couffins, soit qu'il s'agisse d'enlever les déblais de l'excavation, d'épuiser une eau parasite, ou de débarrasser l'orifice inférieur du sable qui s'amoncelle au-dessus, quand la source commence à jaillir.

Le propriétaire doit aussi s'entendre avec ses parents, amis, connaissances et voisins pour obtenir leur concours volontaire et gratuit dans deux circonstances : d'abord pour creuser la grande excavation provisoire appelée *amma*, après laquelle commence le forage selon le diamètre définitif ; enfin, pour épuiser les sources ordinaires qui pourraient survenir dans le cours du travail et en empêcher la continuation. Ce concours ne se refuse jamais, car, ceux qui le prêtent auront, à leur tour, l'occasion de réclamer.

(1) *Lifa*. On donne ce nom aux stipules réticulaires qui enveloppent la base des pétioles des feuilles de dattiers. Le lifa a l'aspect de filets bruns grossiers et à mailles très petites.

Quand il s'est pourvu d'un nombre suffisant de billes de palmiers pour le boisage, il s'arrange avec le charpentier, qui doit les débiter en madriers.

Il embauche ensuite un maître-foreur *(haffar)*; ce sera, s'il est possible, le fameux Hamed ben Tatta, ouvrier aussi heureux qu'intrépide et habile, qui a déjà creusé plus de cent puits artésiens, sans qu'au moment critique du percement de la dernière couche il lui soit jamais arrivé aucun accident fâcheux.

Enfin, il retient des plongeurs *(r'ettassin)* qui viendront, lorsque l'excavation sera terminée, débarrasser le puits du sable que la colonne liquide ascendante y amoncelle en grande quantité, au moment où elle fait irruption, ce qui empêche que l'eau arrive tout d'abord plus haut que le milieu du puits.

Ces préparatifs achevés, le travail commence : il se compose du forage, du cuvelage et du curage. La première de ces opérations est quelquefois interrompue par la nécessité d'épuiser les eaux parasites.

On creuse d'abord, par corvées amiables,
l'*amma*, ou grande excavation provisoire, qui a
le plus souvent 7 mètres de profondeur sur
5 de largeur. Si on lui donne ce diamètre
exagéré, qui devra être diminué plus tard, c'est
parce que les deux couches qu'elle traverse sont
très meubles et sujettes à s'ébouler. Or, précisément à cause de la largeur de l'*amma*, les
éboulements inévitables n'atteignent pas l'excavation réduite qui se continue au-dessous dans
la puissante couche d'argile rouge très consistante, contigüe à ces terrains meubles. Aussi,
dès que le boisement a commencé et qu'il
s'est élevé de bas en haut, jusqu'au niveau du
sol, ce qui se fait habituellement dès qu'on
atteint le deuxième tiers du forage, — l'*amma*
devenant inutile, on la comble avec les déblais,
tout autour des châssis ; et elle se trouve dès-
lors ramenée au diamètre général de l'excavation.

Ainsi, le cuvelage, ou placement des bois, ne
commence que lorsqu'on arrive au deuxième
tiers de l'excavation. Il consiste en un ensem-

4

blé dé châssis en madriers de palmiers, super-
posés et assemblés par tenons et mortaises.
Pour prévenir les infiltrations et donner plus
de solidité à ce boisage, on remplit d'argile,
que l'on foule après l'avoir mélangée de noyaux
de dattes, les intervalles qui existent entre ces
châssis et les parois du puits, qui est toujours
de forme carrée (1). Dès que le cuvelage est
en voie d'exécution, on comble les côtés de la
grande excavation appelée *amma*, de manière
à la réduire au même diamètre que le reste,
c'est-à-dire, à une largeur qui varie entre 70
centimètres et 1 mètre.

Dans la généralité des puits de l'Oued Rir',
on se dispense de boiser les endroits qui correspondent aux parties rocheuses ; c'est-à-dire
trois endroits : *Hadjar el-arbaïn*, strates calcaires qui se rencontrent à *quarante drâa* de
profondeur (un peu moins de 20ᵐ), comme le
nom l'exprime ; — *hadjerat el-hamra* et *hadjerat el-mahzoul*, couches également solides,

---

(1) Les châssis déterminent la forme carrée qu'ont
tous les puits de l'Oued Rir'.

qui sont contigües et précèdent immédiate-
ment l'eau jaillissante.

Les madriers qui composent les châssis sont
en palmier, ainsi qu'on l'a dit plus haut.
Dans leur plus grande largeur, ils ont 25 centimètres et s'appellent *khors*. Moitié plus étroits
dans la partie inférieure du puits, ils prennent
le nom de *khecheb* et ressemblent à des pieux.
Les tenons et les mortaises par lesquels on
les joint, se disent *bennar* et *tamezoueurt* en
langage Rir'ïa, mots qui correspondent à ce
que les Arabes désignent par les expressions
dekeur (mâle) et *enta* (femelle).

Après ces généralités sur l'opération du forage, je vais aborder les détails.

Entre les rigoles qui serpentent autour des
dattiers, sous un épais berceau de palmes où
voltigent des milliers de tourterelles, le groupe
des mineurs est accroupi autour d'un feu. A
côté d'eux, est le puits où ils vont bientôt
descendre. Déjà l'*amma* est réduite, le travail
d'excavation a dépassé le premier tiers, une
partie du boisage est placée ; et l'on peut voir

le châssis supérieur saillir de quelques doigts au-dessus du sol, sauf du côté où le quatrième madrier lui manque, parce que c'est par là que la source jaillissante devra couler.

Au-dessus de l'ouverture béante de l'excavation encore incomplète, s'élève une machine simple et grossière qui rappelle celles qu'on établit en France, pour tirer l'eau d'un puits creusé en rase campagne.

Deux troncs de palmiers coupés à deux mètres de hauteur, et revêtus encore de leurs écailles, qu'aucune tentative d'équarrissage n'a altérées, forment les deux montants. Une traverse supérieure, allant de l'un à l'autre, reçoit une poulie et s'appuie sur une traverse inférieure à l'aide de deux petits montants qui la consolident. Toutes ces parties de la machine sont maintenues en assemblage à l'aide d'entailles grossières qui jouent le rôle de mortaises, et surtout au moyen de ligatures faites avec des cordes de *lifa*.

Une grosse corde glisse sur la poulie; à ses deux extrémités pendent des seaux grossiers (simples peaux de chèvre), dont une baguette flexible, passée dans une coulisse, forme le bord et les maintient à peu près ouverts. A l'un des montants principaux, est attachée solidement une seconde corde dont l'extrémité inférieure arrive au fond de l'excavation où on la fixe au besoin par le moyen d'une grosse pierre.

L'heure du travail est arrivée. Un des mineurs se dépouille de ses habits quotidiens pour revêtir ce que sa garde-robe a pu lui fournir de plus délabré. Les manœuvres ont tiré à eux la corde attachée à un des montants ; le mineur se la passe dans l'enfourchure et se la noue autour des reins. Par un surcroît de précautions qui n'est pas inutile, il saisit en même temps la corde où pendent les deux seaux ; puis les manœuvres le laissent glisser, et il arrive bientôt au fond du trou. L'incurie musulmane est si grande qu'on ne songe guère à remplacer ces cordes, tant qu'elles ne cassent point pendant le service. Quant à l'homme suspendu au-dessus de l'abîme, par suite d'un accident de ce genre,

il ne s'émeut pas pour si peu de chose ; quelque rude que soit l'exercice gymnastique avec
une corde sans nœuds et gluante d'argile hu-
mide, il descend à l'aide du câble qui a tenu
bon, et ne se plaint pas, en remontant, du dom-
mage qui a pu résulter pour sa figure ou sa
tête de la chute de l'autre corde.

Arrivé tant bien que mal au fond du puits,
il s'assied sur le sol, les jambes étendues (1), et
commence à creuser avec une espèce de houe à
fer triangulaire, appelée *mahsa*. Il place les déblais dans un des seaux en peau de chèvre, et
avertit, par un mouvement de la corde, les
manœuvres qui attendent en haut ce signal pour
faire leur office. Ce mineur est relevé plus ou
moins vîte de son travail, selon les circonstances
du forage. Il ne reste pas plus d'une heure, par
exemple, s'il y a des infiltrations de l'eau noire
et fétide qu'on appelle *ma mahsad*.

Quand le pauvre diable reparaît à lumière,

---

(1) Avant le placement des châssis de boisage qui diminuent le diamètre du puits, l'espace est assez grand
pour que le mineur puisse prendre cette position.

il est affreux à voir : ses haillons et tout son corps, dégouttant d'une eau rougie par l'argile, lui donnent une apparence satanique : et s'il est parvenu à préserver du contact de la terre colorante son visage naturellement noir, sa ressemblance avec un ange des ténèbres n'en est que plus frappante.

Mais le moment critique approche : on vient d'arriver à *hadjerat el-mahzoul,* couche très-solide (1), épaisse de cinquante centimètres et au-dessous de laquelle on entend gronder la mer souterraine. On s'empresse d'aller annoncer au propriétaire du puits cette nouvelle agréable pour lui, et toujours un peu inquiétante pour le maître-foreur qui doit donner le dernier coup de pioche et ouvrir une route au courant ténébreux. Dans cette circonstance, comme dans quelques phases précédentes et subséquentes du forage, un pour-boire doit être donné aux travailleurs. Il est bien mérité pour cette partie

(1) Pour ne pas interrompre la description du procédé de forage, je donnerai plus loin l'énumération des couches traversées.

vraiment périlleuse de l'œuvre ; et parfois tel
qui l'a reçu n'a pas eu le temps de le dépenser !

Dans le forage du puits de Bou-Chemal on
ne ressentait, disait-on, aucune crainte ; car
Ahmed ben Tatta était le héros de l'aventure.
En effet, ce brave mineur descend dans le gouf-
fre avec le calme de la force, la confiance que
donne l'habileté et la foi qu'inspirent de nombreux succès. Cependant ses compagnons, le bon
Mgueddem, beaucoup de curieux dont je grossis
la phalange, se pressent autour de l'étroit
espace qui va devenir le théâtre d'un triomphe
ou d'une catastrophe. Les plus rapprochés as-
surent entendre le bruit sourd du fer qui attaque
la dernière ceinture de la nappe jaillissante.
Pour moi, je n'entendais rien, et j'étais plus
préoccupé de la crainte de voir tout-à-coup un
cadavre monter vers nous que du désir d'as-
sister à la naissance d'une de ces merveilleuses
rivières qui répondent si docilement à l'appel
de l'industrie humaine.

L'anxiété ne fut pas longue : j'entendis comme
le bruit que ferait une lame en déferlant sur

une plage, puis un cri s'échappa de toutes les
poitrines : Ahmed ben Tatta, comptait un nouveau succès !

Quelques instants après, il était auprès du
feu, bourrant de *Tekrouri* (chanvre indien) (1)
sa petite pipe d'*hachaïchi ;* un verre d'eau-de-
vie de palmier *(boukha)* lui avait fait oublier
le danger qu'il venait de courir.

Pendant qu'on présentait à Bou-Chemal une
tasse pleine de l'eau qui venait de jaillir — ce
qui exigeait un nouveau pour-boire, — je de-
mandai à Ben Tatta comment les choses s'é-
taient passées entre lui et la Mer inférieure.

« Comme toujours, répondit-il, plus de bruit
que de besogne ! Pendant que je me fatiguais
à lui ouvrir la porte qui sépare les ténèbres
de la lumière, je l'entendais gronder au-dessous
de moi ; elle avait l'air de me menacer d'une
mauvaise aventure. Cela ne m'a pas empêché
de donner le dernier coup de pioche ; le reste

(1) C'est ce qu'on appelle ici *hachiche* ou *kif : hachiche*
(herbe par excellence) ; *kif,* bien-être, jouissance, — en
prenant le nom de l'effet pour désigner la cause.

—a eu lieu comme d'habitude : le sable s'est précipité comme un furieux par l'ouverture, et s'est
mis à bondir, droit comme une colonne, au beau
milieu du puits, tandis que l'eau filait sournoi-
sement le long des parois ; nous sommes tous
montés, l'un portant l'autre, jusqu'à la moitié
du trou. La corde et les bras des camarades
m'ont fait faire le surplus du chemin. Ahmed
ben Tatta en a encore pour quelque temps à
fumer le tekrouri, à boire le *boukha* et l'*euymi*
(vin de palmier). Louange à Dieu ! »

Ahmed ben Tatta, l'habile mineur, dont l'autorité est de quelque poids, prétend que les
dangers attachés au percement de la dernière
couche sont en raison directe de son épaisseur.
Voici comment il explique le fait.

Cette couche extrême, que l'on appelle *hadjerat el-Mahzoul* (1), dans le Rir' oriental, et

(1) Freytag traduit le mot *mahzoul* par *macie exte-
nuatus*. Ce sens peut s'appliquer, en effet, à cette couche qui est généralement très mince.

Le mot *mousfah*, par lequel on la désigne à Ouargla,
signifie *uni*, *plat* (V. ma traduction d'El-Aïachi, tome IX
de l'*Exploration scientifique*, page 55).

qu'on nommait jadis *hadjera mousfah*, plus à l'ouest, — est une argile consistante, où sont empâtés de petits corps sphériques *(mokla*, prunelle), qui en rompent la cohésion. La rivière souterraine y fait quelquefois des affouillements; si la couche est épaisse, il peut arriver qu'un de ces affouillements détermine à l'improviste une rupture latérale, pendant que l'on opère le percement. Il paraît que, dans cette circonstance, le travailleur est roulé et maintenu au fond de l'excavation sous la vague qui se fait jour, tandis que, si la rupture a lieu selon l'axe du puits, la colonne liquide ascendante l'entraîne au contraire avec elle vers l'orifice supérieur.

En recueillant des échantillons des terrains traversés par le forage, j'ai tenu note de la puissance des diverses couches. On va voir le tableau de ces deux espèces d'indications qui fourniront une idée générale du sous-sol de l'Oued Rir'; car les puits de Nezla sont, sous le rapport de la composition géologique, dans les conditions les plus ordinaires. Dans la plupart des autres, le terrain est stratifié selon un ordre identique ; et les couches ne diffèrent, de l'un à l'autre, que par des variétés d'épaisseur. Quant aux endroits qui ont un caractère exceptionnel, ils ont été déjà énumérés au commencement de ce mémoire.

Voici le tableau des couches du puits de Nezla :

1° *Trab*, ou terre végétale. Puissance : 1 mètre. — C'est un mélange d'argile, de sable et de gypse (plâtre impur). Il offre à sa surface des efflorescences d'autant plus abondantes que le terrain est plus découvert. Cette croûte saline craque sous le pied et ressemble tout-à-fait à du givre.

2° *Teurcha*, pierre à plâtre : 6 mètres. —C'est un amas de chaux sulfatée (gypse), généralement cristallisée. Le *teurcha* non cristallisé, prend, quand on l'a médiocrement cuit, le nom de *timchent*, et sert de moellons dans les bâtisses. C'est alors le *plâtre vert* de nos maçons.

Cristallisé en grands cristaux agglutinés, ressemblant à des feuilles, ou à des fers de lances, on l'appelle *lous*; et il est employé cru comme matériaux de construction, surtout dans le Souf où la pierre manque.

Les cristallisations les plus délicates s'appellent *zibès*, altération locale du mot arabe *djibs* (plâtre). On les désigne ainsi, parce qu'elles servent, dit-on, à faire du plâtre de la meilleure qualité. Elles se rencontrent par agglomérations qui ressemblent à des paquets de vers filiformes. En les examinant avec attention, on y reconnaît des cristaux figurant de petits piliers pentagones dont la longueur est en général de 17 millimètres sur des diamètres très variables, mais qui ne dépassent guère 4 millimètres.

3° *Tin el-hamra*, argile rouge. Puissance : 9 mètres. C'est une argile plastique, ferrugineuse et calcarifère. Rouge, lorsqu'on l'extrait, elle prend une teinte café au lait après avoir été exposée quelque temps à l'air.

4° *R'eurbil*, crible : 1 mètre. C'est une argile mêlée de petits morceaux de pierre à plâtre (*teurcha*) et reposant parfois sur un peu de

-sable. Le nom de crible qu'on lui donne vient-
il de ce qu'elle est perméable et peut livrer
passage aux infiltrations? C'est une des nombreuses expressions techniques que les indigènes emploient sans en connaître, sans même
en rechercher la signification.

5o *Tin el-hamra*, argile rouge : 3 mètres. *Voir*
le numéro 3.

6o *Hadjar el-arbâïn*, les pierres des *quarante*
(coudées). Epaisseur : 50 centimètres. Le nom
de cette couche vient de la profondeur à laquelle on la rencontre habituellement et qui
est d'un peu moins de 20 mètres.

Hadjar el-arbâïn est un calcaire argileux
sableux.

7o *Tin el-Hamra*, argile rouge. Retour du
terrain décrit au numéro 3. Ici la couche a
27 mètres de puissance.

8o *Teraouin el-hamra*, 50 centimètres.

9o *Teraouin el-bida*, 50 centimètres.

10o *Tizaouin el-hamra*, 1 mètre.

11o *Tizaouin el-bida*, 1 mètre.

Ces quatres couches sont un mélange d'argile

rouge et de chaux sulfatée presque pulvéru-
lente. Selon la dominance de l'un ou de l'autre
élément, elles sont rougeâtres ou blanchâtres,
ce qui motive les noms *hamra* et *bida* par
lesquels on les distingue.

Dans les couches 8 et 11, il y a aussi de la
chaux sulfatée à l'état de cristallisation.

L'argile de Tizaouin el-bida est plus douce
au toucher que celle de la couche qui la
précède.

12° *Hadjerat el-hamra,* la pierre rouge : 5
mètres. C'est de la chaux sulfatée, ou pierre
à plâtre.

13° *Hadjerat el-mahzoul,* la pierre mince :
50 centimètres. Argile d'un vert pâle, assez consistante, où sont empâtées de petites boules blanchâtres appelées *mokla,* ou prunelle (de l'œil).

Au-dessous de cette dernière couche, est la
mer souterraine, dont la profondeur est inconnue aux indigènes qui, du reste, n'ont jamais
essayé de la constater (1). A défaut de données

(1) Tout ce qu'ils en connaissent, disent-ils, c'est
qu'elle coule bruyamment du sud au nord.

précises, on peut indiquer certaines probabilités.

Le sable n'envahit point les puits de Tamerna et de Bourkhès, tandis qu'il ne manque jamais de monter en abondance dans les autres. Ceci n'annonce-t-il pas une plus grande puissance de la nappe jaillissante dans ces deux oasis? Car on peut supposer avec probabilité que lors du percement de la dernière couche, l'eau se précipitant avec force vers l'ouverture, il en résulte une agitation qui met en mouvement le lit de sable sur lequel elle coule, à moins que ce lit soit à une profondeur assez grande pour se trouver à l'abri de ce violent remous.

Quant à la nature des terrains traversés par le forage, voici le résultat qu'on obtient :

Terre végétale.	.	.	1 mèt.	00 cent.
Argile.	.	. . . .	43	50
Gypse.	.	. . . .	11	00
Calcaire.	.	. . .		50

M. Ville, Ingénieur en chef des mines, appelle ces sortes de terrains *quaternaires*. M. Mac Carthy croit qu'ils sont le résultat d'un affais-

sement. Dans cette dernière hypothèse, les collines à sommet plat qu'on rencontre dans le
Sahara seraient les témoins subsistants du niveau primitif.

Le travail qu'exige le foncement d'un puits
artésien ne finit pas avec le forage; on a vu
que l'eau amène beaucoup de sable qui pèse
sur l'orifice inférieur, et ne permet qu'une ascension incomplète de la colonne liquide. Pour
que la nouvelle source déborde et puisse, en
coulant à la façon d'une rivière, servir à l'irrigation, il faut enlever le sable obturateur.
C'est l'affaire des plongeurs, et voici comment
ils s'y prennent, d'après ce que j'ai observé,
d'abord à Tougourt, puis à Temacin.

Au jour désigné pour le commencement du
curage du puits de Nezla, je vis arriver les
plongeurs en troupe, et montés triomphalement
sur des ânes dont le propriétaire de la source
jaillissante devait payer la location et la nourriture. C'était, disaient-ils, pour ménager leurs
forces qu'ils arrivaient ainsi en cavalcade au
travail pénible et périlleux qui les attendait.

C'était bien un peu aussi pour faire de la fantasia; faute de chevaux qui ne se trouvent que dans les écuries du Cheikh, ils s'étaient contentés de la plus humble des montures que fournisse la localité.

L'éclat de l'uniforme, les accents de la musique, le bruit du tambour étourdissent l'homme de guerre sur les chances de mutilation ou de mort qui l'attendent trop souvent sur le champ de bataille. L'humble soldat de l'industrie, — qui a bien aussi ses périls, — aime également à donner une sorte de solennité au sacrifice de sa vie, quand certaines professions lui en font une nécessité. Dans l'Inde, le pêcheur de perles inaugure ses dangereux travaux par le chant, la danse et les splendeurs religieuses. Les cantiques hurlés par une foule de bramines et de dervis, qui les accompagnent des contorsions les plus étranges, fortifient son courage et lui inspirent la confiance. C'est ainsi que le pauvre plongeur du l'Oued Rir' arrive au bord de l'abîme, — d'où, peut-être, il ne sortira pas vivant, — avec toute la pompe que son misérable pays comporte.

Mais les plongeurs de Bou-Chemal sont à leur poste ; ils ont dépouillé les habits de fête et n'ont conservé pour tout vêtement qu'un très petit caleçon qui colle à la peau. Plus de chants, plus d'éclats joyeux ; la scène est devenue sérieuse. Celui qui doit inaugurer le travail s'approche lentement du puits, il dépose des charbons ardents sur la margelle formée par le bord du châssis supérieur, et il y jette de l'encens. Quand la fumée commence à s'élever vers le ciel, il frappe quelques coups avec la paume de la main sur le boisage. C'est un appel qu'il fait aux génies de la mer inférieure, pour qu'ils soient bien informés qu'on vient de leur rendre l'hommage qui leur est dû.

Par une exception, aussi heureuse pour le propriétaire que pour moi, l'eau avait, presque dès le principe, dépassé de beaucoup la moitié du puits : il ne s'en fallait que de quelques mètres qu'elle atteignît le niveau du sol. On pouvait donc voir tout à l'aise la série des curieux préliminaires du travail de curage.

Le plongeur dont j'ai parlé était descendu

dans le puits, en s'aidant de la corde attachée
à un montant de l'appareil précédemment décrit,
et il avait déjà de l'eau à la hauteur des épaules.
Avant de procéder à une immersion plus complète, il récita une courte oraison. J'en ai vu
d'autres se contenter d'une interjection pieuse ;
ordinairement le mot *Allah* (Dieu), prononcé d'un
ton emphatique et en appuyant assez longtemps
sur la première syllabe pour produire une de
ces *longues* démesurées qui n'ont pas été prévues
par les auteurs de prosodie.

L'encens, les prières et tous les accessoires
de cette cérémonie sont regardés comme également indispensables par le plongeur saharien
qui, pour tout au monde, n'en retrancherait
pas le plus mince détail. Car il y va, dit-il,
de sa propre existence ; et, même, si malgré
toutes ces précautions, un ennemi est venu à
la faveur des ténèbres nocturnes, et pendant
qu'il est endormi, lui nouer au pied la corde
qui a servi à attacher un âne, il doit, après
avoir été ainsi ensorcelé, périr infailliblement
la première fois qu'il descendra dans un puits.

Ne riez pas, lecteur, au récit de ces croyan-
ces puériles admises par des barbares, dont,
après tout, la crédulité est excusable; car, chez
nous autres civilisés, qui n'avons pas les mêmes circonstances atténuantes à faire valoir, il y
a des superstitions fort analogues. Nos mineurs
ne croient-ils pas aussi à un Génie, gardien des
profondeurs de la terre? Génie tantôt favorable,
tantôt malveillant. N'allument-ils pas des cierges
dans quelques circonstances en l'honneur de
cet être surnaturel qu'ils appellent *le petit mineur* ?

Dans ces professions pleines de péril, où la
mort la plus affreuse plane à chaque instant
sur le travailleur, on éprouve impérieusement
le besoin de croire à une protection surhu-
maine. L'incrédulité ne tient pas longtemps
devant un grave danger qui tous les jours se
représente.

Les plongeurs se bouchent soigneusement les
oreilles avec de la graisse, pour protéger leur
tympan contre la pression des couches liquides
inférieures; mais ils laissent les narines tout-

à-fait libres, quoiqu'on ait avancé le contraire.
Cet usage, qu'on leur attribue à tort, ne leur
est pas même connu par ouï-dire ; et ils ont
paru fort surpris lorsque je leur en ai parlé.
Ils prétendaient que cela serait gênant pour
eux et très-inutile. Toute personne qui sait
plonger sera de leur avis.

Après être resté quelques secondes immergé
jusqu'aux épaules, le plongeur abaissa subitement la tête sous l'eau et la releva aussitôt,
puis, il se mit à tousser, cracher, se moucher,
de manière à rendre les voies parfaitement libres. Il renversa ensuite la tête en arrière, ayant
la bouche à fleur d'eau, il inspira et expira
lentement l'air pendant quelques minutes. Enfin, bien assuré du jeu facile et régulier des
poumons, après une longue et dernière inspi-
ration, il plongea tout-à-coup en se faisant glisser rapidement, à l'aide des mains, dans la position verticale, le long de la corde fortement
tendue entre le montant où elle était attachée
en haut et la grosse pierre qui la fixait au
bas.

Lorsque cet homme reparut et que, la montre à la main, je constatai qu'il était resté 6' 5" sous l'eau, je crus m'être trompé; d'autant plus que, ne prévoyant pas un résultat extraordinaire, je n'avais peut-être pas observé avec toute l'attention suffisante. Mais j'ai répété l'expérience chaque fois qu'un plongeur opérait ; et si je n'ai plus obtenu le même chiffre que la première fois, j'ai eu très souvent celui de cinq minutes cinquante-cinq secondes, qui ne lui est pas beaucoup inférieur.

L'honorable rédacteur du *Siècle*, qui a rendu compte de mon Mémoire avec une bienveillance et un esprit consciencieux dont je le remercie, a témoigné quelque incrédulité au sujet de cette partie de mon travail ; et il n'est probablement pas le seul qui a éprouvé, ou éprouvera ce sentiment au récit d'un fait qui n'est pas ordinaire. Je ne m'en étonne ni ne m'en offense; mais comme *j'ai vu, vu plus d'une fois !* et en prenant toutes les précautions propres à prévenir des erreurs, je cite les faits *et je les affirme.*

Les résultats extrêmes des immersions *dont j'ai été témoin* au puits de Nezla, profond de 56 mètres, sont (en regardant la première expérience comme non avenue) :

Maximum 5' 55"

Minimum 5   5

Au nouveau puits de Bab-Tazat (Temacin), qui n'a que 37 mètres, les extrêmes des immersions *faites en ma présence* ont été :

Maximum 5' 55"

Minimum 5'

Un jeune apprenti qui s'essayait à plonger, mais ne travaillait pas encore, est resté sous l'eau 3' 30".

Ces résultats sont de nature à surprendre, il est vrai ; mais ils ne sont pas non plus de ceux qu'on doive repousser *à priori*, car les limites possibles du séjour de l'homme sous l'eau n'étant point scientifiquement déterminées, nul ne peut indiquer avec précision où il faut placer la borne infranchissable.

On n'a pas encore suffisamment recherché s'il n'existe point entre les diverses races humaines

des inégalités d'aptitude sous ce rapport, comme
on en remarque entre les hommes d'une même race. Car, chez nous, par exemple, on rencontre des personnes qui naturellement aiment
à plonger et y sont habiles, tandis que d'autres, quoique sachant très bien nager, ont hor-
reur de mettre la tête sous l'eau, même pendant quelques secondes.

Je ne m'appuierai pas sur les récits merveil-
leux et rarement authentiques, d'hommes qui
ont pu séjourner sous l'eau sans mourir, pendant 15 minutes, 1 heure, 16 heures, 48 heures, trois jours même (V. Haller, *Éléments phy-
siologiques*, tome III, page 269), mais je citerai
l'opinion de Burdach, parce qu'elle est appli-
cable aux plongeurs de l'Oued Rir'. Ce physio-
logiste dit (tome IX, page 250) :

« La plupart des plongeurs de profession ne
restent pas plus de deux minutes sous l'eau :
mais il est très possible que la pesanteur de la
colonne de liquide rende le séjour dans l'eau
de mer plus difficile, puisqu'un homme doué
d'une forte poitrine est capable de plonger pen-

dant *près de huit minutes* dans une rivière. »

Comme l'eau des puits artésiens est douce,
les immersions prolongées y sont plus faciles
que dans la mer ; et dès-lors il devient moins
extraordinaire que des plongeurs aient pu y
rester un peu plus de six minutes.

Cela l'est même d'autant moins, qu'un plongeur indigène employé par la direction du port
d'Alger, restait *cinq minutes* sous l'eau, dans la
mer. M. le docteur Lacger, aujourd'hui médecin en chef de l'hôpital militaire de Toulouse,
a constaté le fait un jour où cet homme plon-
geait pour démêler des chaînes.

L'homme dont je veux parler est un mulâtre
aux formes athlétiques, très connu des amateurs
de natation qui habitent Alger depuis longtemps.
On le nomme Omar Oulid Setour ; il est fils
d'un ancien amin des Biskris et d'une négresse.
Omar, dans les derniers temps de son séjour
à Alger (il est maintenant à Tripoli), s'était mis
aux gages d'un spéculateur italien, qui lui faisait
explorer la rade à des profondeurs considérables
afin de chercher les ancres et autres objets que

des naufrages ou des accidents quelconques avaient précipités au fond. Si l'on demande aux Algériens combien de temps Omar pouvait rester sous l'eau, ils vous répondent un *tselouts (tiers-d'heure)* ou vingt minutes ! Tenons-nous-en aux *cinq minutes* qui sont constatées par un témoignage authentique : avec cet antécédent, Omar pouvait lutter contre les plongeurs de l'Oued Rir', car l'eau douce et légère des puits artésiens lui eût été plus facile que celle de la rade d'Alger.

Ce remarquable plongeur a laissé ici un émule qui ne lui cède en rien : c'est le biskri Sadi, également un mulâtre. Il est assez curieux qu'Alger, situé sur les bords de la mer, reçoive ses meilleurs plongeurs du Sahara, qui n'a pas même de rivières; et que ces excellents plongeurs, ici comme dans l'Oued Rir', soient toujours des hommes à peau noire.

Avant d'en finir sur ce sujet, je donnerai encore la citation suivante :

Ebn Batouta dit (V. p. vii de l'introduction du t. 2e) que les plongeurs de perles de Siraf restent *deux heures* sous l'eau. Son traducteur, en relevant cette exagération énorme et manifeste, rappelle que, d'après M. Morien, ces pêcheurs y restent *cinq minutes* au maximum. On peut voir aussi au t. ii, pp. 351, 352, ce que cet auteur dit d'un fameux plongeur de Sinope.

Pour revenir au puits artésien de Nezla et aux immersions extraordinaires des individus qui le nettoyaient, je crois que le meilleur moyen de convaincre le lecteur de l'exactitude de mes observations à cet égard, c'est d'exposer le travail des plongeurs. On se fera alors une idée du temps qu'il faut pour l'exécuter.

Le puits de Bou Chemal avait 56 mètres de profondeur (1). Lorsque le travail de curage tirait à sa fin, qu'il ne restait presque plus de

(1) J'ai obtenu ce chiffre directement en mesurant la corde qui est tendue dans toute la longueur du puits ; et indirectement par le compte des mineurs où figurait le nombre de coudées du terrain traversé par le forage. M. Chevarrier, qui a mesuré un des puits de la Casba de Tougourt, l'a trouvé profond de 55 mètres et une fraction. L'accord est assez remarquable. Je dois faire observer qu'il y a des puits de 75 mètres et plus ; et que les plongeurs les curent comme les autres.

sable et que l'eau était près de déborder la margelle, le plongeur se trouvait avoir le maximum de distance à parcourir pour arriver au fond.

A l'aide de ses mains, il devait descendre le long de la corde en conservant toujours la position verticale. On peut défier l'homme le plus agile d'exécuter cette descente de *cent soixante-huit pieds*, sans répéter à peu près autant de fois des mouvements de mains dont chacun représente bien une seconde, surtout lorsqu'il s'agit de vaincre la résistance toujours croissante de l'eau.

Arrivé au fond, le travailleur doit y prendre une situation solide qui lui permette d'accomplir sa tâche et ne l'expose pas à être enlevé prématurément par l'eau.

C'est avec les mains qu'il ramasse le sablon et le dépose dans un couffin de 50 centimètres d'ouverture sur 30 centimètres de profondeur. L'agitation de l'eau, causée par les mouvements même du travailleur, rejette un bon tiers de ce sable au fond du puits, avant qu'il arrive à sa destination ; c'est donc un tiers de besogne en sus pour remplir le couffin (1).

Cette opération terminée, il faut de nouveau parcourir 56 mètres sous l'eau, toujours en tenant la corde, car, autrement, on s'exposerait à être ballotté d'une paroi à l'autre.

Quand on réfléchit à ces diverses circonstances, on demeure convaincu que, pour faire tout le travail que je viens de décrire, le chiffre de 5' 55" que j'ai souvent observé n'est nullement exagéré ; et que si les plongeurs font, en effet, ce travail, — ce qui est démontré par des résultats visibles, incontestables, — c'est qu'ils peuvent véritablement passer plus de cinq minutes sous l'eau.

La tâche imposée aux plongeurs est si pénible qu'on fait tout ce qu'on peut pour la diminuer. Ainsi, dans le cours du curage, et quand la couche de sable est assez épaisse pour que l'eau ne puisse monter que lentement, — on épuise le puits jusqu'au tiers, au moyen

(1) Le couffin, qui est attaché à une corde spéciale, est remonté par les manœuvres.

de corvées amiables. A mesure que le niveau d'eau baisse, l'homme qui emplit les seaux descend en plaçant les pieds entre les châssis qui ne sont jamais très-exactement jointoyés. Les corvéïeurs tirent les seaux à tour de rôle et les vident à côté du puits. Quand l'opération de l'épuisement (dans cette circonstance ou dans d'autres), exige un grand nombre de bras, il y a toujours beaucoup de femmes qui y prennent part.

Malgré toutes les précautions et les adoucissements imaginables, le métier de plongeur est un de ceux qui ne mènent pas loin leur homme. Quand les pêcheurs de perles, — qui ne restent pas plus de quatre minutes sous l'eau, mais qui plongent quarante ou cinquante fois dans une matinée, — remontent sur le bateau, le sang leur sort par le nez, la bouche, les yeux et les oreilles ; et ils tombent épuisés sur le tillac.

Les immersions sahariennes sont d'une plus grande durée, mais moins fréquemment répétées (trois fois par jour seulement). Les seules altérations que j'ai remarquées dans les plongeurs, quand ils sortaient du puits, c'est que leur conjonctive était fortement injectée, et qu'ils étaient essoufflés et frissonnants. La première chose qu'ils font, c'est de courir au feu et de se couvrir. La plupart meurent dans les puits de quelque rupture des vaisseaux. Quand on ramène ainsi un de ces infortunés mort, ou même mourant, sa paie appartient aux camarades qui le tirent du puits. Les survivants ne s'émeuvent pas plus de la catastrophe qu'un vieux soldat qui, sur un champ de bataille, voit tomber l'homme qui lui touchait le coude.

Le concours des plongeurs redevient quelquefois nécessaire pour un même puits artésien, lorsqu'il lui arrive de s'obstruer par accumulation de nouveaux sables ascendants. Ce travail d'entretien ne diffère en rien du travail primitif que je viens de décrire. Mais si un puits se bouche par la chute de madriers pourris, on n'essaie pas de parer à cet inconvénient réputé irrémédiable par l'industrie locale, et l'on préfère en percer un nouveau.

Dans le forage, comme dans le curage des puits sahariens, la vie des hommes est exposée à chaque instant sans nulle nécessité; des procédés plus intelligents mèneraient au but plus vite, plus économiquement et d'une manière plus durable. Cela est évident pour quiconque, connaissant la matière, a lu avec attention ce qui précède. Je m'appliquai, dans le principe, à expliquer cette vérité aux mineurs et aux plongeurs de l'Oued Rir'. Tous comprirent très bien que la chose était possible; mais ils me supplièrent de n'en point parler aux propriétaires, parce que, disaient-ils, cela leur ôterait le pain de la main ! On voit que partout le travailleur est disposé à mal accueillir les perfectionnements mécaniques; même quand son bien-être, sa vie y sont le plus intéressés.

La durée des sources jaillissantes varie dans le Rir' oriental par deux causes : la qualité des bois de cuvelage, l'épaisseur des couches de pierres. Là où le bois de dattier est bon, où la roche est puissante, les puits *vivent* de

80 à 100 ans. Dans les conditions opposées, ils *meurent* parfois au bout de cinq ans, ainsi que cela arrive à Temacin et à Blidt-Ameur, tandis que Tougourt voit les siens couler pendant près de trente ans.

En allant de Blidt-Ameur à Ouargla, par la petite ville de Hadjira, je laissai la ligne artésienne un peu au sud de ma route. Mais j'ai pu savoir, par le témoignage unanime des Indigènes, qu'elle présente une solution de continuité depuis la pointe méridionale du Rir' oriental jusqu'à Ngoussa. Dans l'espace d'environ 80 kilomètres qui répond à cette lacune, on ne trouve aucune source jaillissante. Il ne faut pas en conclure qu'il y eût impossibilité d'en percer. L'expérience seule peut décider la question, et elle n'a pas encore prononcé.

Un riche propriétaire du Rir' me montrait, un jour, un de ces bassins de terre salée dont j'ai parlé plus haut ; c'était bien le plus sec, le plus nu, le plus désolé qui se fût encore présenté à mes regards. Cependant, mon indigène disait, d'un ton de confiance évi-

demment inspiré pár la certitude du succès :
Je veux créer une oasis ici. On m'aurait parlé
de mettre en valeur agricole un plateau de roche
pure, que ma surprise n'eût pas été plus grande.
Mais mon interlocuteur s'avançait à coup
sûr : il avait déjà fait creuser un puits dans
cet endroit, et il avait trouvé l'eau jaillissante
à 40 mètres. Le problème était donc virtuelle-
ment résolu. Que de merveilles fera notre
sonde artésienne, quand, après l'avoir essayée
stérilement à Biskara la bien arrosée, où elle
était inutile, on se décidera à la transporter
sur son véritable théâtre, dans nos oasis sans
rivières, à qui elle doit ouvrir à pleins bords
toutes les sources de la fontaine de vie (1).

Je n'ai donc, ainsi que je le disais plus
haut, retrouvé les puits artésiens qu'à Ngoussa
et à Ouargla.

Ngoussa est une ville exceptionnelle à tous
égards : ses deux cent cinquante combattants
ont souvent dominé Ouargla, sa puissante voi-

(1) Ceci a été écrit en 1851, il faut se le rappeler.

sine, qui en compte près de deux mille. Aussi
le célèbre Bou Mkhebeur a-t-il dit : Ahl Ngoussa, let-trad : *Habitants de Ngoussa, gens de
guerre!* Et la voix publique ajoute : *Ngoussa
est petite, mais ses visées sont grandes !* Ngoussa
sr'era ou mahen-ha kobar.

Ngoussa n'est pas moins remarquable au
point de vue matériel que sous le rapport moral. Elle a plusieurs rues bien alignées qui
témoignent que ses habitants n'ont pas pour
la ligne droite la répugnance instinctive que
l'on observe chez les autres Indigènes.

Quand on sort de la ville par les portes
principales, on est étonné, en entrant dans le
massif des vergers, de trouver, — au lieu des
sentiers étroits et tortueux, qui font des autres
oasis autant d'inextricables labyrinthes, — de
belles avenues de palmiers, larges, tirées au
cordeau et qui ne dépareraient point nos parcs
les plus classiques.

Si l'on coupe son territoire en deux portions
par une démarcation fictive qui continue au
nord et au sud la ligne de sa muraille orien-

tale, on a, du côté de l'est, un pays qui diffère totalement sur des points très-essentiels de celui qui se trouve à l'ouest. Ainsi au levant, le terrain, couvert de dunes, rappelle tout-à-fait le pays sablonneux de Souf. De ce côté, pas de puits artésiens : les dattiers y sont cultivés dans des *r'itan*, ou vastes excavations, ce qui les rapproche de la couche d'eau non jaillissante, — qui est très près de la surface du sol, — et dispense de l'irrigation. Au couchant, le sable, plus rare, laisse à découvert des bassins de sebkha, ou terre salée ; et les puits artésiens reparaissent.

En un mot, Ngoussa, c'est l'Oued Souf à l'est, et le Rir' oriental à l'ouest. Ces deux contrées si différentes se retrouvent ainsi en miniature sur le petit territoire de cette cité des Ben Babia.

Des trois plus beaux puits artésiens de Ngoussa, deux sont au sud de la ville ; le plus oriental est *aïn Zerga*, situé en face de la porte, ou pour mieux dire de la baie à laquelle il donne son nom. Vient ensuite *aïn Tarmounst*, dans l'allée qui aboutit à *Bab-Zer'reba*, porte que l'on désigne souvent aussi par le nom de cette fontaine. C'est par l'allée de Tarmounst que l'on va à Ouargla.

Mais la source jaillissante la plus belle de l'oasis, la plus remarquable par son diamètre, par l'abondance et la limpidité de l'eau, par la splendide bordure de végétation qui l'encadre, c'est *Tala Moggar*. En langage *zenatia*, cela veut dire *la grande fontaine;* et le nom n'est certes pas usurpé.

A l'ouest de la ville, sur la route du Mzab, et vers le milieu de l'avenue de palmiers qui commence à la porte *Ba-Saci*, est une place carrée, un petit *square*, au centre duquel coule le beau puits de Tala Moggar. Du large orifice de ce tube artésien, s'échappe une source ou plutôt une rivière d'une pureté cristalline, où se mirent des groupes d'élégants dattiers que le voisinage d'une eau vivifiante rend plus élancés et plus luxuriants (1). Il y a toujours

(1) La situation des puits artésiens dans les plantations se reconnaît facilement à cette circonstance : les dattiers qui les entourent sont toujours plus hauts que les autres de la même espèce.

affluence d'Indigènes auprès de cette belle fontaine : on y trouve des cultivateurs qui vont au travail ou en reviennent, des voyageurs qui se désaltèrent en passant, des pasteurs qui abreuvent leurs troupeaux. Des oisifs même, par une entente instinctive de l'utile joint à l'agréable, ont choisi pour s'abandonner aux douceurs du *far niente*, cet endroit où l'on trouve de l'eau, de l'ombrage et le site le plus pittoresque. Tala Moggar offre en outre à l'Européen le spectacle attrayant et imposant tout à la fois, d'une œuvre du génie et de la hardiesse de l'homme, se manifestant au milieu des magnificences de la végétation des oasis.

Lorsque je visitai cette fontaine, on ne pouvait pas vanter la délicieuse fraîcheur de ses eaux, car elles avaient, — comme toutes les sources du désert, — une température constante de 18º cent. ; tandis que l'atmosphère ambiante à cette époque (commencement de février) oscillait entre 12º et 17º environ. Durant les matinées, — qui semblent glaciales en hiver dans ces contrées, quoique, de jour, le thermomètre y des-

cende rarement à 5° au-dessus de 0, — on voit
les puits artésiens exhaler d'abondantes vapeurs.
Les Indigènes s'appuient là-dessus pour soute-
nir que leurs sources sont froides en été et
chaudes en hiver. Il y a, chez nous, des gens
qui en disent autant des caves; les deux asser-
tions se valent (1).

Je voulais mesurer la profondeur de Tala
Moggar; mais, parmi les honorables oisifs dont
j'ai signalé la présence en cet endroit, se trou-
vaient des *Tolba*, c'est-à-dire des savants, qualité
qui, chez les Indigènes, n'implique nullement
la science, mais annonce presque toujours une
forte dose de fanatisme, jointe à beaucoup de
superstition. Ces individus m'avaient vu avec
déplaisir plonger dans les eaux de leur plus belle
fontaine un tube thermométrique, instrument à
eux inconnu et par conséquent fort suspect d'ap-
partenir à l'arsenal de la sorcellerie. Leur mé-

_____

(1) Je me suis assuré par un grand nombre d'expé-
riences, faites sur plusieurs points, que la température
constante de ces puits est de 18°. M. Chevarrier avait
constaté le même fait, mais à Tougourt seulement.

contentement prit des proportions presque me-
naçantes à l'aspect d'une sonde, nouvel engin
dont la production intempestive venait corro-
borer les soupçons excités par l'autre. Aussi,
mes *tolba* décidèrent unanimement dans leur
sagesse qu'il fallait m'empêcher d'accomplir une
expérience qu'ils n'hésitaient pas à qualifier de
diabolique !

« Comment ! s'écria le plus capable de la
» bande, s'adressant à moi : tes ancêtres, en se
» retirant de ce pays devant l'islam victorieux,
» ont enfoncé sous terre tous les fleuves qui y
» coulaient jadis à la surface (v. page 15); et
» maintenant, tu viens tarir nos fontaines avec
« tes manœuvres sataniques. Par Dieu ! nous ne
» te laisserons pas consommer le maléfice. Nous
» n'avons pas envie de mourir de soif après
» ton départ. »

J'eus beau m'efforcer de leur démontrer qu'en
lançant un plomb au bout d'une corde dans le
puits de Tala-Moggar, je voulais seulement en
constater la profondeur, et que cette opération,
fort innocente, n'empêcherait pas l'eau de cou-

ler tant qu'il plairait à Dieu, et avec la même
abondance que par le passé, on m'opposa avec
persistance le prétendu méfait attribué aux Ro-
mains ! Il fallut donc me contenter du rensei-
gnement que mes interlocuteurs voulurent bien
me donner, et qui me fut confirmé, du reste,
par le chef Bou-Hafs, à savoir que ce puits était
profond de 22 *kamt-el-habel*, ou brasses ; soit
d'environ de 37 mètres. On ajouta que le maximum de profondeur des sources jaillissantes
dans cette oasis, est de 50 mètres.

En général, on ne s'accorde pas toujours sur
ces mesures, à Ngoussa et Ouargla. On a été
quelquefois jusqu'à parler de 200 mètres. L'erreur est évidente ; car les puits auxquels on attribue ce chiffre, sont dragués par les plongeurs,
absolument comme les autres, ce qui serait impossible, s'ils étaient aussi profonds qu'on le prétend.

Au reste, ces contradictions et ces incertitudes
s'expliquent facilement : personne n'a vu creuser
les puits, on n'y travaille qu'à de longs intervalles et pour les entretenir. On n'en perce plus
de nouveaux.

D'après ce qu'on m'a rapporté, les 14 premiers mètres des puits artésiens de Ngoussa traversent la terre végétale ; de la chaux sulfatée (plâtre) et de l'argile (1) ; le reste, jusqu'au fond, est de la roche. La solidité de la majeure partie du tube explique sa durée immémoriale. Par une heureuse coïncidence, le bois de dattier est d'excellente qualité dans l'oasis ; aussi le cuvelage des 14 mètres de terrain non rocheux a une durée de plus de cent ans. Il n'y a donc à faire que de faciles travaux d'entretien.

Ces travaux sont de deux espèces : d'abord l'enlèvement du sable (2), de la terre, des détritus de végétaux qui ont pu se déposer au fond du puits après un certain laps de temps. Les plongeurs y procèdent de la manière qui a déjà été expliquée.

Le travail principal d'entretien est le renou-

(1) Les travaux d'entretien, ainsi qu'on va le voir, permettent aux habitants de constater la nature des couches supérieures.

(2) Ce sable n'est pas amené par la nappe souterraine ; il est précipité de haut en bas dans le puits, lors des grands vents de l'hivernage.

vellement du boisage, qui ne se fait jamais deux fois dans un même siècle.

On attend pour l'entreprendre le retour de l'été ; saison pendant laquelle le niveau des sources jaillissantes diminue un peu. On épuise alors l'eau par le moyen de corvées amiables, jusqu'à ce qu'elle descende au-dessous de la ligne supérieure des couches rocheuses et laisse à sec les couches meubles, les seules pour lesquelles le boisage soit nécessaire. Pour atteindre à Ngoussa cette ligne de démarcation entre le terrain solide et celui qui ne l'est pas, il faut qu'on épuise jusqu'à concurrence de 14 mètres. A Ouargla, le roc n'est qu'à 2 mètres de la surface du sol. Aussi, est-ce, de toutes les oasis que j'ai visitées, celle où les puits se trouvent dans les conditions les plus favorables de durée. Ceci, bien entendu, eu égard au mode de forage des Sahariens.

Quand l'épuisement est achevé dans les limites nécessaires, on établit sur les premières assises du roc un plancher de forts madriers, que l'on charge d'argile mêlée de noyaux de dattes, le

tout dûment foulé. Ce plancher contient l'eau ;
et l'on procède à loisir au nouveau boisage.

Dès que les châssis sont en place, on enlève
le plancher provisoire ; l'eau n'étant plus arrêtée reprend son mouvement d'ascension, déborde de nouveau la margelle et irrigue les dattiers pendant un autre siècle.

Je n'ai pas eu l'occasion de voir ce travail qui
ne se fait qu'à de rares intervalles ; mais un
grand nombre de propriétaires et d'ouvriers de
Ngoussa et de Ouargla m'en ont fourni les détails, sur lesquels ils s'accordent parfaitement.

Les plus belles fontaines jaillissantes de Ouargla sont *Aïn Bamour* et *Aïn Meggan*, surtout
cette dernière. De même qu'à Tala Moggar de
Ngoussa, j'y ai remarqué de petits poissons bruns,
ressemblant fort à ce menu fretin qu'on voit au
bord de nos rivières quand les eaux sont basses,
et que les enfants de Paris appellent *savetiers*.
Ils ne sortaient pas du bassin formé par la margelle et disparaissaient dans les profondeurs du
tube artésien, dès qu'on avançait la main dans
leur direction. Je n'aurais peut-être pas osé,

je l'avoue, rapporter ce fait singulier, s'il n'avait déjà été observé à Elbeuf et dans les oasis d'Egypte. Ce sont, je crois, des épinoches (1).

L'eau d'Aïn Meggan est d'une telle limpidité qu'on voit très distinctement à deux mètres de profondeur le commencement du roc. Là, le tube, — qui a près de deux mètres de côté, mesuré à la margelle et au boisage qui la continue, — s'étrécit subitement et se change en un cylindre rocheux, d'environ 65 centimètres de diamètre. La pierre, qui paraît être de couleur grise, tranche fortement avec le boisage auquel les nombreuses plantes aquatiques qui le tapissent donnent une nuance très-sombre. Ce qu'on aperçoit des parois de ce tube offre des traces analogues à celles que laisserait le travail grossier d'un pic sur la surface d'une pierre.

On a vu précédemment que la tradition fait remonter à un temps immémorial le forage des puits de Ngoussa et de Ouargla. Cependant le pèlerin El-Aïachi en parle, en 1663, de manière à faire croire qu'on en perçait encore à

(1) V. *Magasin pittoresque*, année 1836, p. 85.

cette époque assez moderne. V. t. ix de l'*Exploration scientifique*, p. 55. Je transcris ici ce
passage curieux, en l'accompagnant du commen-
taire qu'il exige.

« *Singularité des singularités de cette ville
(Ouargla).*

« Pour que l'eau sorte avec force, ils creusent
des puits à environ 50 kama. (La *kama* usitée à
Ouargla est dite *el-habel,* et égale une brasse),
profondeur à laquelle ils atteignent une argile
qu'on appelle *hadjera mousfah* ou pierre plate,
laquelle se trouve à la face (inférieure) du
noyau de la terre. Ils font un trou à cette
couche, et l'eau en jaillit avec force et abondance. En moins de rien, elle arrive à l'ouverture du puits, d'où elle coule et forme un ruis-
seau. Si celui qui pratique le trou n'est pas
attentif, il est étouffé par la colonne d'eau (ascendante). Ceux qui nettoient ces sortes de
puits ont de grandes difficultés à surmonter et
des dangers à courir. Souvent même, la violence

du mouvement d'ascension empêche de les cu-
rer, alors le trou finit par se boucher. Un de
mes amis qui a vu nettoyer de ces puits m'a
informé d'une chose fort singulière, c'est que les
sources de l'Oued Rir' ont cette origine. »

La remarque qui termine ce passage prouve
qu'El-Aïachi n'avait guère étudié la question, ni
même observé les faits principaux qui s'y rattachent ; car lui qui s'est arrêté à Temacin et à
Tougourt, il ne sait que par le témoignage d'un
ami qu'il y a des puits artésiens dans le Rir' !
Je dirais que cette négligence singulière est
bien d'un musulman, si je ne me rappelais, à
propos, qu'un médecin français (1) qui, en 1836,
a passé *un mois* à Tougourt, nous en apprend
beaucoup moins sur la question que le pèlerin
arabe qui n'y a séjourné que quelques heures.
Néanmoins, les inexactitudes constatées dans le
récit d'El-Aïachi diminuent la valeur de son
assertion relative au forage moderne de puits
artésiens à Ouargla.

(1) V. *Revue d'Orient*, année 1844, page 318, le Voyage
de M. Loir de Mongazon.

Après une deuxième solution de continuité, celle-ci de près de 800 kilomètres, les sources jaillissantes artificielles reparaissent dans l'archipel des oasis de Touat, au sud du Maroc. De là, à l'extrémité septentrionale du Rir' oriental, la ligne artésienne décrit un arc d'environ 1,200 kilomètres, dont la convexité regarde le sud et dont la corde a son extrémité occidentale beaucoup plus avancée au midi que l'extrémité orientale. C'est-à-dire que cette corde est presque parallèle à notre littoral, puisque celui-ci fuit si bien vers le sud du côté de l'ouest, qu'un observateur placé au bord de la mer, auprès de l'embouchure de la Moulouïa, se trouverait à peu près sous la latitude de Biskara.

L'immense courbe artésienne que je viens d'esquisser n'est pas une conception arbitraire. Elle se manifeste avec évidence par une série de jalons dont les principaux sont, en énumérant de l'ouest à l'est : les bourgades du Touat, Ouargla, Ngoussa, Tougourt, Mr'ïer. J'ai constaté les faits *de visu*, dans le Rir' oriental et

7

occidental. J'invoquerai le témoignage imposant de l'historien Ebn-Khaldoun, pour la partie qui est plus à l'ouest. Ce témoignage qui remonte au milieu du XIVe siècle de notre ère, est le plus ancien que l'on connaisse sur les puits jaillissants de nos *oasiens* méridionaux (1) :

« Dans les régions du Désert situées derrière
» et à l'ouest de l'*Areg* (2), — dit notre histo-
» rien, — on observe un fait singulier au sujet
» des sources jaillissantes et qui est sans exem-
» ple dans le Tel du Mor'reb. Voici de quoi il
» s'agit : on creuse un puits très-profond dont

(1) On dit bien Polynésie, Micronésie, Mélanésie, Polynésiens, etc., on peut dire ce me semble, par analogie phonique, *Oasie, oasiens,* quoiqu'*oasis* ne vienne pas du grec et qu'il dérive de l'égyptien *ouasoï.*

Le mot *oasien* est indispensable pour distinguer les Berbers, habitants *fixes* des oasis, des Arabes *nomades* qui n'habitent pas, mais qui *naviguent* dans le Sahara, comme ils le disent eux-mêmes dans leur style pittoresque.

(2) *Areg,* ligne de dunes qui borne l'Afrique septentrionale au sud, et marque la limite méridionale des émigrations des nomades. Elle est interrompue au centre de l'Algérie par un terrain élevé, pierreux, appelé *Hammada,* dont le Mzab paraît être un prolongement septentrional.

» on a soin d'étayer les parois ; on continue ce
» travail jusqu'à ce qu'on atteigne une couche
» de rocher. On entame cette couche avec des
» pics et des pioches, afin de l'amincir. Les ou-
» vriers remontent alors et jettent au fond une
» masse de fer. La couche se brise et laisse
» monter les eaux qu'elle recouvrait. Le puits
» se remplit, l'eau déborde et forme un ruis-
» seau sur le sol.

« On assure que les ouvriers, malgré toutes
» leurs précautions, n'échappent pas toujours à
» la vitesse de l'eau qui monte. Ce phénomène
» se voit aux bourgades de Touat, de Tegou-
» rarin (1), de Ouargla et de Rir'.

« Le monde est rempli de merveilles ; et
» Dieu, le créateur, sait tout ! (2) »

---

(1) Tegourarin d'Ebn-Khaldoun, Tegorarin de Léon
l'Africain, Tedjouaren du pèlerin El-Aïachi, sont diverses
formes du mot Gourara, nom d'un canton qui fait partie
du vaste archipel des oasis de Touat.

(2) Je dois l'indication de ce passage intéressant à
M. de Slane, dont l'obligeance égale le savoir. On le
trouvera à la page 81 du texte arabe déjà publié de
l'ouvrage si important d'Ebn-Khaldoun.

Le lecteur aura remarqué une inexactitude
dans le récit d'Ebn-Khaldoun : si, comme le
dit notre auteur, le mineur était remonté lorsqu'il jetait la masse de fer destinée à crever la
dernière couche, l'eau ascendante ne pouvait pas
lui faire le moindre mal. Le savant historien,
qui parle sans doute d'après des renseignements
incomplets, a confondu deux systèmes tout-à-
fait différents ; celui du Rir' oriental où le travailleur, installé *au fond* du puits, perce la couche extrême au péril de sa vie ; et cet autre,
nullement dangereux pour les mineurs, qui
consiste à opérer le percement *d'en haut*,
ainsi qu'il vient d'être dit.

El-Aïachi a commis une confusion analogue
en attribuant à Ouargla un système de forage
qui appartient à des oasis plus orientales. Ce
pèlerin arabe, quoiqu'il ait vu les pays dont il
parle, n'y a fait que de très courts séjours. On
s'aperçoit, d'ailleurs, qu'il recherchait avant
tout, dans les endroits où ses pérégrinations
le conduisaient, les entretiens des gens pieux ;
qu'il visitait principalement les zaouïas et les

mosquées, et qu'enfin la pensée dominante de son voyage, est la visite de la Mecque et de Médine, à laquelle il se prépare de longue main. Avec de pareilles préoccupations il devait n'accorder qu'une attention assez légère aux questions qui, à ses yeux, n'étaient qu'une affaire de curiosité mondaine, une *singularité*, comme il les appelle. Il y a plutôt lieu de s'étonner que, en dehors de son but spécial, El-Aïachi ait recueilli la multitude de notions intéressantes que l'on rencontre dans sa relation.

Il est naturel de se demander quel réservoir puissant alimente la mer souterraine qui se manifeste à la surface de notre Sahara par les mille canaux de ses puits artésiens. Ce ne peut être l'Aurès, car la portion des eaux méridionales de cette montagne, qui n'est pas absorbée par l'irrigation des Ziban, se perd plus ou moins ostensiblement dans le Chot Felr'ir – Melr'ir, cette vaste dépression très abaissée au-dessous du niveau de la mer, où aboutissent aussi les eaux surabondantes des oasis du sud et les torrents éphémères de l'ouest. D'ailleurs, les In-

digènes s'accordent à dire que le courant de
la nappe souterraine va du sud au nord ; les
mineurs qui l'entendent couler bruyamment,
quand ils ne s'en trouvent plus séparés que par
une dernière couche très mince, sont unanimes
à cet égard.

Mais, dans cette direction, on ne connaît pas
de montagnes importantes par leur hauteur et
leur étendue. Les itinéraires-Richardson, de
R'edamès et de R'at, aux oasis de Touat, ne
signalent, à grande distance, de ce côté, qu'un
terrain montueux et rocailleux, qui semble être
le prolongement méridional de la *Hammada*
algérienne, laquelle commence au nord avec le
pays des Beni-Mzab, et coupe, au centre, l'*areg*
ou grande ligne de dunes que les géographes
arabes considéraient comme la frontière sud
de l'Algérie et même de toute l'Afrique septentrionale.

Le sens dans lequel coulent les cours d'eau
de notre Sahara central, accuse une pente générale du sud-ouest au nord-est. C'est précisément la direction de la ligne artésienne; c'est

même à peu près celle qu'on attribue au courant souterrain. Cette coïncidence conduit à chercher vers l'ouest le plateau générateur de tant de sources jaillissantes.

Les montagnes ne manquent pas, en effet, de ce côté: il y en a que les cartes indiquent; il y en a aussi qu'elles ne mentionnent pas.

Ainsi, précisément au sud de la grande Hammada, et dans la concavité de l'arc formé par la ligne artésienne, se trouve une montagne considérable qui ne figure sur aucun document publié, sauf dans la relation du pèlerin El-Aïachi (V. page 45 du t. ix de l'*Exploration scient.*) On appelle cette montagne, selon notre autorité indigène, *Hammad el-Kebir* (la grande séparation, la grande barrière). « C'est, dit El-Aïachi, une montagne qui peut passer pour *la mère de toutes les montagnes du monde,* à cause de sa *longueur* et de sa *largeur*. Il y ressentit un grand froid; jamais, dans son pays, il n'avait éprouvé une température semblable. « Par « un pareil froid, ajoute-t-il, l'homme le plus « sain devient nécessairement malade. »

Pour apprécier la valeur qu'on doit attribuer à cette description, il faut savoir que celui qui la fait était du pays des Aït Aïache, situé dans une des parties les plus élevées de l'Atlas marocain. Habitué aux grandes montagnes, à leur température basse, à la rudesse de leur sol, il s'étonne pourtant des dimensions du Hammad el-Kebir, de ses pentes abruptes, du froid qu'on y ressent, du terrain pierreux qu'on y foule. Il faut donc qu'en effet cette montagne soit très remarquable par son élévation et par les autres circonstances qui en découlent naturellement.

Durant mon séjour à Ouargla, en 1851, j'ai cherché à obtenir des renseignements sur le Hammad qu'El-Aïachi place assez près de cette ville, vers le sud-ouest, et j'ai constaté que ce voyageur presque toujours exact, l'avait encore été cette fois. Le Hammad est, en effet, très connu à Ouargla. Les gens versés dans les traditions locales en parlaient même avec cet attendrissement mélancolique qu'inspire toujours aux races peu avancées en civilisation le nom de la contrée qui fut leur berceau. Quelques-uns répétaient ce passage d'une pièce de poésie vulgaire :

Ya hassera, ya ed-Denia ;
Kanou fi Hammad ou Mellala !

O douleur ! ô (vicissitudes de ce) monde ;
Ils étaient au Hammad et à Mellala !

Cette tradition se rapporte à l'époque très éloignée où les gens de Goléa et les Beni-Ouargla menaient encore la vie nomade et campaient à des distances assez rapprochées, les uns à *El-Hammad*, terrain de pierres *noires* (circonstance dont El-Aïachi fait aussi la remarque) ; et les autres à *Mellala*, plaine de sable blanc. Quelqu'une de ces querelles si communes entre les Sahariens, les aura amenés plus tard à se séparer et à s'établir, les Beni-Goléa à l'ouest, et les Beni-Ouargla à l'est, dans deux villes qu'ils bâtirent alors, et où on les trouve aujourd'hui.

L'existence du Hammad el-Kebir et son importance orographique paraissent donc suffisamment établies, ainsi que ses relations avec le pays des Beni-Mzab, qui en est une dépression

septentrionale et orientale, comme les terrains
montueux et rocailleux signalés par Richardson
entre R'at et Touat semblent en être l'épanouis-
sement méridional. On peut ajouter que très
probablement le Hammad se rattache, vers le
nord-ouest, aux montagnes du sud de notre Tel
occidental. Peut-être fournit-il, ainsi que le
Djebel Baten, les éléments du courant souterrain auquel on doit les sources jaillissantes des
oasis méridionales.

En effet, on sera porté à le croire, si l'on
prend en considération la hauteur et l'étendue
du Hammad et de ses dépendances; si l'on fait
attention à sa position dans la concavité de la
courbe représentée par la ligne artésienne; si,
enfin, on se rappelle que la mer inférieure, au
dire des Indigènes, coule du sud au nord, ce
qui coïncide avec la pente générale du pays
qui incline du sud-ouest au nord-est, ainsi
qu'on le voit par la direction des cours d'eau
torrentiels et autres.

La géographie physique des pays au sud et
à l'ouest de l'Oasie artésienne n'est pas assez

exactement connue pour qu'on puisse résoudre avec certitude la question de l'origine du *Bahar tahtani;* la conjecture que je produis, accompagnée de quelques renseignements inédits, augmente du moins le nombre des données propres à faciliter la solution du problême.

Il ne me reste plus, pour terminer ce travail, qu'à examiner quel peut être le rôle de l'administration et de l'industrie française par rapport aux améliorations dont est susceptible le système d'irrigation jaillissante pratiqué de temps immémorial par nos oasiens méridionaux. Pour cela, il faut comparer, sous le rapport du prix de revient, notre système de forage des puits artésiens avec celui qui est usité parmi eux.

Les personnes qui ont une connaissance pratique ou théorique du percement des puits artésiens en Europe, n'auront pu supprimer un sentiment de dédain en lisant l'exposé des procédés employés dans l'Oued Rir'. Tant de labeur et de dangers pour une œuvre si peu durable, cela ne donne pas en effet une haute idée de l'industrie des populations sahariennes! Aussi, il nous appartient à nous, qu'ils avaient devancés dans la carrière, de les y diriger aujourd'hui ; car nous y avons marché avec l'ardeur et l'esprit progressif qui appartient à notre race, tandis qu'ils y sont restés stationnaires. Pour bien apprécier la nécessité et l'étendue possible de notre intervention, il faut d'abord se rendre compte de ce que coûte aujourd'hui le percement d'un puits artésien dans l'Oued Rir'. C'est ce que j'entreprends de faire connaître ; on peut avoir pleine confiance dans les renseignements que je vais fournir sur cette matière. Je les ai recueillis sur place avec le plus grand soin, d'après les dires des ouvriers, contrôlés par ceux du propriétaire du puits. J'ai même reçu du mgueddem Bou-Chemal, depuis mon retour à Alger, la note complète et détaillée des dépenses que lui a occasionnées le forage de son puits de Nezla que j'ai pris pour base de mes explications.

Pour déterminer le salaire dû aux mineurs, on partage l'excavation en sept parties qu'on appelle *Ferkat*, divisions. On les distingue l'une de l'autre par un nombre qui exprime la profondeur à laquelle chacune d'elles atteint. Ainsi, on a :

1º *Ferkat el-arbatache*, la division des quatorze (*kama*). — Elle reçoit ce nom, parce qu'elle finit avec la *quatorzième kamat el-khodma ;* car ici il ne s'agit pas de la brasse, mais d'une autre mesure usitée par les mineurs du Rir' oriental et qui équivaut à 70 centimètres. Cette kama spéciale a la hauteur de l'homme assis(1) et courbé pour exécuter son travail. On la mesure depuis le siège jusqu'au conduit auditif, sans doute parce qu'on a supposé que le mineur, penché sur sa besogne, perdait par cette inclinaison, à peu près la valeur des 17 centimètres qu'il y a du conduit auditif au sinciput, ou sommet de la tête.

La première *ferka* ne s'évalue, au point de vue de la rémunération, qu'à partir de l'*amma ;* car cette grande excavation provisoire, se faisant, comme on l'a vu, par corvées amiables,

_____

(1) On se rappelle que le mineur travaille assis par terre, les jambes étendues et écartées.

et n'entraînant pas à d'autres dépenses que la nourriture des travailleurs volontaires, ne figure point dans le compte de forage. Il est d'usage de ne payer aux mineurs que les dix dernières kama de cette *ferka*. Dans sa totalité, elle équivaut à 9 mètres 80 centimètres, ce qui, avec les 7 mètres de l'amma, donne 16 mètres 80 centimètres, profondeur à laquelle on est arrivé quand on l'a creusée entièrement.

Le forage de *Ferkat el-arbatache* est payé 7 piastres et 1/2 de Tunis, soit 6 francs. Il faut y ajouter le prix d'un *raba* de blé et d'un *raba* d'orge, que le propriétaire donne en sus aux travailleurs ; on arrive ainsi à un total de 7 fr. 50 centimes.

Après la première ferka, viennent : 2° *ferkat el-arbaa ou acherin*, division des *vingt-quatre* kama. — Elle conduit l'excavation à une profondeur totale de 23 mètres 80 centimètres, y compris l'*amma*.

A cette ferka et à chacune des suivantes, la rétribution des mineurs s'augmente d'un *ziani* ou *rial-sah* moins un quart, soit 1 fr. 20 cent.

3o *Ferkat et-telatin*, division des *trente* kama.
Elle amène l'excavation à 28 mètres.

4o *Ferkat el-arbaïn*, division des *quarante*
kama. — Elle mène à 35 mètres.

5o *Ferkat el-khamsin,* conduit à 42 mètres ;

6o *Ferkat es-settin*, à 49 mètres ;

7o *Ferkat es-sebaïn*, à 56 mètres, ce qui approche de la limite extrême en profondeur des
puits artésiens du Rir' oriental.

En ce qui concerne le cuvelage, le prix des
bois est, par kama.(0ᵐ70ᵉ courant), de 4 fr. ; à
quoi il faut ajouter une somme égale pour la
main-d'œuvre. Il y a généralement 74 kama de
boisage à exécuter. Il est aussi d'usage de donner
au charpentier un *raba* de blé et un d'orge.

Les frais de curage sont ainsi établis. Chaque
plongeur a, par couffin de sable qu'il rapporte,
40 centimes. Il en remplit trois par jour. On
occupe généralement de sept à huit plongeurs
à cette besogne, qui s'exécute en une quinzaine
de jours. Les travailleurs sont nourris, en outre, et on leur paie la location des ânes qui
les amènent au chantier.

On doit tenir compte, enfin, des déboursés accessoires pour achat de cordes, etc., nourriture des corvéieurs amiables, gratifications, etc. Je mentionne aussi, pour mémoire, le chapitre très important des dépenses imprévues.

En somme, j'ai sous les yeux le compte circonstancié et très long des frais de toute nature occasionnés au mgueddem Bou-Chemal, par le percement de son puits artésien de Nezla. Afin de ne pas allonger inutilement mon travail, je n'extrais que le total, qui est de 1,134 piastres entières (*rïal rah*), monnaie de compte de Tougourt. A raison de 1 franc 60 centimes par piastre, cela fait 1,814 fr. 40 centimes.

Ce puits, profond de 56 mètres, aurait coûté 2,340 fr., s'il eût été percé selon le mode européen, savoir :

Forage. . . . . , . . .	1,500 francs.
Tubage en tuyaux de bois d'aulne, avec des frettes en fer aux emboîtures.	840
Total. . . . . . . ,	2,340 francs.

Si l'on se contentait des tubes de ferblanc, employés par les ingénieurs anglais (ils coûtent 4 francs le mètre), le prix se réduirait à 1,724 fr., et serait inférieur de 90 francs à celui qu'a payé Bou-Chemal pour son puits de Nezla.

Les frais, en les mettant au *maximum* de 2,340 francs, ne dépassent pas de beaucoup ceux que nécessite le percement par le système saharien, dans les circonstances favorables ; mais ils restent beaucoup au-dessous dans le cas où des obstacles imprévus surgissent pendant le travail, obstacles qui ne seraient rien avec la sonde européenne ; mais dont les Oasiens ne triomphent qu'à force de peine et de dépenses, quand ils en triomphent, ce qui ne leur arrive pas toujours.

Avec la sonde européenne, la besogne se fait sans danger pour les travailleurs ; elle est plus tôt terminée, et les résultats qu'elle assure sont pour ainsi dire éternels.

L'eau jaillissant à une certaine hauteur, à cause du moindre diamètre du tube, au lieu de s'épancher seulement comme elle fait aujour-

8

d'hui, l'eau se prêterait mieux aux besoins de l'irrigation. Il faudrait donc moins de puits dans les grandes plantations.

On pourrait percer des puits artésiens dans des endroits où l'industrie saharienne a échoué devant des difficultés qui n'en seraient pas pour nous; par exemple, l'invasion des eaux parasites.

Or, se rend-on bien compte des immenses résultats qu'on obtient dans le Sahara, dès qu'on réussit à amener l'eau à la surface du sol?

Dans les pays ordinaires, lorsqu'on défriche un terrain, on n'improvise pas une végétation; on substitue seulement des plantes cultivées et utiles à des plantes spontanées, sans valeur relative. On remplace la broussaille et les herbes dites mauvaises, par des arbres ou des plantes plus propres à satisfaire aux besoins variés de l'homme, à l'alimentation des animaux domestiques. Mais, dans le désert, dès qu'on a de l'eau, on ne défriche pas, on crée en réalité, puisque, de *rien,* on fait *quelque chose.* C'est là que la belle expression de la loi musulmane, *ressus-*

citer la terre, pour dire *la mettre en valeur*, peut seulement se comprendre dans toute son énergique vérité.

Entre les dunes des pays de sables, dans les contrées à bassins de terre salée, on rencontre souvent de vastes espaces où ne pousse jamais le plus petit brin d'herbe, pas même la vigoureuse plante grasse, si peu difficile pourtant sur le choix du terrain ; lieux maudits qui, stériles de temps immémorial, semblaient devoir le rester à tout jamais ! Mais rien n'a été créé en vain, tout a son utilité, son emploi ici-bas : L'homme a reçu l'intelligence en partage pour résoudre, un à un, dans la mesure et selon la progression de ses besoins, — déterminée par le développement de la civilisation, — tous les problèmes qui se rattachent à l'exploitation du globe qu'il habite.

Aussi, l'espace aride que l'homme et même les animaux traversaient à la hâte, et sans jamais s'y arrêter, poussés par cette répugnance instinctive qui éloigne l'être animé des lieux qui n'offrent rien pour alimenter son corps ou récréer son esprit, l'espace aride va devenir un Eden : il n'y avait ni fraîcheur, ni ombrage, le parfum des fleurs n'y avait jamais embaumé l'air; là, jamais un tapis de verdure ne s'était offert au voyageur pour reposer ses membres fatigués. Tout y était solitude, nudité, silence, désolation. La sonde artésienne pénètre cette terre morte, l'eau en jaillit; et avec elle, tous les biens, toutes les parures, toutes les joies surgissent. Les dattiers croissent, leurs têtes en ombelles se touchent et forment un berceau de palmes qui ombragent l'humble travailleur, créateur de ces merveilles. Sous le magnifique dais de verdure croissent la figue, l'olive, l'abricot, la pêche; et sous cette deuxième couche de végétation, d'autres plantes, plus modestes dans leurs proportions, mais non moins utiles, trouvent un abri contre les ardeurs du soleil africain.

Ce n'est pas ici un chapitre inédit des *Mille et une Nuits* que je traduis au lecteur. L'admirable métamorphose que je viens de décrire a été vue souvent, se voit encore de temps à autre; pas

autant que cela serait possible et qu'on pourrait
le désirer. La nature s'y prêterait, mais les
hommes s'y refusent ; car c'est dans le désert
surtout qu'on peut dire de l'espèce humaine :
homo homini lupus. Les bêtes fauves qu'on
appelle nomades et les bêtes de somme qu'on
appelle oasiens, s'y font une guerre cruelle,
inégale, qui non-seulement paralyse le progrès,
mais qui ruine et dépeuple le pays. Et cependant, malgré tant de circonstances défavorables,
la résurrection agricole que j'ai dépeinte se voit
encore quelquefois. En voici un exemple que
j'emprunte au pèlerin El-Aïachi, dont je citerai
textuellement les paroles :

« Après que nous eûmes traversé le bourg de
» Oualna, nous trouvâmes un pays de sables
» qui étonnaient l'œil par leur immensité. A
» l'aspect de ces vastes arènes, je me rappelai
» la parole : *Bénissez notre Seigneur Mohammed*
» *autant que le sable est étendu*, et j'en compris
» toute la portée.

» Oualna était aussi désolé que le désert dans
» lequel il est situé...... On n'y trouve qu'un

» petit nombre de palmiers, dont la plupart
» sont morts et ressemblent à des mâts que le
» vent balance....

» Sidi Mohammed ben Moussa est enterré
» dans une espèce de chapelle qui fut, dit-on,
» la première construction de ce hameau. C'est
» ce vénérable marabout qui a fondé Oualna,
» qui a découvert l'eau qu'on y boit, et planté
» le peu de palmiers qui s'y rencontrent. Lors-
» que les Arabes de cette contrée s'arrêtaient
» dans cette solitude, ils protégeaient la bour-
» gade à cause du saint. Dans leurs guerres ou
» contestations, ils prenaient Sidi Mohammed
» ben Moussa pour juge et lui apportaient des
» provisions en offrande. » (V. t. ix de l'*Expl.
scient.*, p. 29)

Ce miracle, qu'un pauvre marabout isolé,
sans aucun des secours que procure notre industrie, a pu réaliser dans le lieu le plus désolé
de cette contrée de désolation qu'on appelle le
désert, nous pouvons le reproduire sur une plus
vaste échelle, avec un succès plus éclatant et
des résultats si magnifiques qu'entreprendre de

les dépeindre, lorsqu'on y a assez réfléchi pour les comprendre, ce serait presque rendre suspects sa véracité ou son bon sens. Car les hommes sont ainsi faits, qu'ils nient souvent un bonheur très réalisable, tout en passant leur vie à courir après les félicités les plus imaginaires !

Mais pour que les bienfaits de la sonde artésienne s'étendent à tout notre Sahara méridional, il faut que ce pays soit convenablement organisé, il faut mettre fin aux querelles des oasiens avec les nomades; querelles où ces derniers sont presque toujours agresseurs. Il faut détruire ce brigandage immémorial basé sur la *vendetta*, et qui est si cher aux hommes de la tente. Il faut abattre le despotisme dans les peuplades aristocratiquement organisées et combattre l'anarchie dans les petites républiques municipales. Car tout est extrême dans ce pays singulier : de même qu'on passe sans transition de l'affreuse nudité du désert aux magnificences de l'oasis, on voit l'homme de ces contrées ignoblement applati dans la poussière devant un autre homme; ou se livrant sans frein, sans raison, à toutes les excentricités d'une liberté sauvage, qui mène aussi sûrement à la misère et à la dépopulation que les excès du despotisme.

Mais ceci est un nouveau sujet qui m'entraînerait beaucoup trop loin. Je terminerai donc ici le travail spécial que j'avais entrepris; heureux si j'ai réussi à donner quelque popularité à une question qui intéresse à un haut degré l'avenir d'une partie importante de notre colonie algérienne (1).

---

(1) Tout ce que je demandais en 1850 s'est réalisé en 1856. J'ai cependant conservé ici l'expression de mes vœux d'alors; elle servira à mieux constater l'ancien état de choses et l'immense bienfait que les populations sahariennes nous doivent pour lui avoir substitué la méthode européenne qui l'a remplacé si avantageusement.

ÉPILOGUE.

LE FORAGE ARTÉSIEN DANS LE SUD DEPUIS 1850.

J'ai achevé la description de l'industrie artésienne dans le Sahara avant 1856; je vais dire
succinctement ce qu'elle est devenue depuis
cette époque.

Témoin, pendant deux mois passés à Tougourt en 1850-1851, du temps que l'on em-
ployait dans cette contrée à creuser un puits
artésien profond seulement d'une cinquantaine
de mètres, de la peine qu'on s'y donnait, et

des périls que l'imperfection des procédés faisait courir au travailleur, je me rappelai plus
d'une fois l'appareil de sonde qui gisait inutile
dans un coin de la vieille casba de Biskra, depuis qu'on avait renoncé à finir le puits artésien commencé jadis dans cette oasis avec nos
instruments et sous une direction française. Je
pensai même que les soldats de choix qu'on
avait employés à cette besogne exceptionnelle
pouvaient se trouver encore sur les lieux: et
l'idée me vint tout naturellement de faire uti-
liser à Tougourt ce personnel et ce matériel
sans emploi. Je m'efforçai donc d'inspirer au
cheikh Ben Abd er-Rhaman le désir de provo-
quer une expérience dont le succès ne me pa-
raissait pas douteux et qui devait attacher les
Sahariens à notre domination, par les grands
bienfaits que cet immense perfectionnement leur
apporterait sous nos auspices. Le caïd Bou-
Chemal, homme de progrès, — chose bien rare
dans ces contrées! — comprit parfaitement mes
intentions et me seconda de toutes ses forces
auprès du chef.

Avec l'autorisation de ce dernier, j'écrivis, vers la fin du mois de décembre 1850, à M. le Ministre de la Guerre, pour demander que la sonde fût amenée à Tougourt avec le personnel propre à la manœuvrer ; je faisais savoir en même temps que le cheikh se chargeait des transports comme aussi d'héberger et de rémunérer les travailleurs.

Par suite de circonstances que je n'ai pas connues, ma lettre demeura sans réponse. Peut-être même n'est-elle point parvenue à sa destination ; car, à cette époque, les communications entre l'extrême sud et la côte étaient loin d'avoir la régularité et la certitude qu'elles ont aujourd'hui.

Dans la disposition d'esprit où ces préoccupations m'avaient laissé, je saluai avec joie, en 1856, la nouvelle de la réalisation d'un projet que j'avais vainement tenté de faire réussir dès 1850. Cette nouvelle me parvint par la lettre suivante :

« Paris, le 21 juin 1856.

« *A Monsieur* BERBRUGGER , *Conservateur de la
Bibliothèque et du Musée d'Alger.*

» Monsieur,

» Bien que nous ayons presque la certitude
d'être devancés, nous nous hâtons de vous informer du résultat obtenu par la sonde à Tamerna. Comme vous êtes, Monsieur, un des premiers promoteurs de cet instrument dans le
désert, nous espérons que vous ne serez point
indifférent à cette nouvelle.

» Vous savez dans quel état et quelles étaient
les craintes des habitants de Tamerna relative-
ment à l'extinction de leur belle source, et combien ils redoutaient la chaleur de cet été pour
leurs palmiers.

» C'est cette considération qui nous a excités
à faire tout le nécessaire pour qu'un premier
sondage soit opéré avant ce terme fatal où tout
Européen doit quitter le désert.

» Commencé le 1er mai , le sondage a été

poursuivi, malgré 46° de chaleur, jusqu'au 28, où on avait atteint la profondeur de 47m50. Ce n'est que le 9 juin que l'eau a jailli de la profondeur de 60 mètres. Nous ne pouvons vous donner plus de détails, le courrier prochain pouvant seulement nous les donner. Nous savons seulement que la joie des Arabes tenait du délire.

» Lorsque nous aurons le dernier rapport, une coupe géologique sera dressée, et si vous croyez qu'elle puisse être agréable au Musée nous vous en ferons faire une.

» Je vais faire remettre à la poste l'exemplaire que vous avez bien voulu me confier lors de mon passage à Alger (1). Veuillez donc, Monsieur, agréer, avec mes remerciements, l'hommage de nos salutations empressées.

» DEGOUSÉE ET LAURENT. »

Les circonstances les plus favorables s'étaient réunies pour amener ce grand résultat : sous

_____

(1) Il s'agit d'un exemplaire de la première édition des *Puits artésiens*, que je réédite aujourd'hui.

le gouvernement de M. le Maréchal Randon,
dont on connaît le dévouement ardent et éclairé
aux intérêts algériens, un homme d'une haute
intelligence et d'un zèle infatigable pour la
prospérité du pays placé sous son commande-
ment, M. le Général Desvaux, était à la tête
de la subdivision de Batna et avait tout le
Sahara oriental dans ses attributions. Cet officier
général prit enfin l'affaire des puits artésiens à
cœur et ne négligea rien pour qu'elle eût une
prompte et heureuse issue. Les sentiments élevés
qui l'animaient se manifestent avec effusion
dans la lettre que voici et qu'il écrivit à
M. le Maréchal Randon, en juin 1856, au moment même du premier succès obtenu :

« Monsieur le Gouverneur-Général,

» J'espère que vous aurez pu recevoir par le
télégraphe, dans la journée du 11 juin (1856),
la nouvelle que l'eau avait jailli du forage de
Tamerna (1), le 9, à trois heures après-midi. Un

(1) Voir ci-dessus, page 124

tel événement dans le Sahara et la rapidité avec laquelle vous en avez été instruit, démontrent, mieux que tout ce qu'on pourrait dire, les grands progrès accomplis en Algérie depuis quelques années, et promettent, dans un avenir prochain, les plus merveilleuses transformations.

» La lecture des ouvrages de MM. Fournel, Berbrugger, et surtout de l'excellent mémoire de M. Dubocq, aurait depuis longtemps éveillé mon attention, lors même que, par instinct, je n'aurais pas songé à ce que la sonde pouvait produire dans le Sud.

» Mais c'est à Sidi Rached, en 1854, que ma résolution a été arrêtée. Le hasard m'avait conduit au sommet d'un mamelon de sable qui domine l'oasis entière; vous dire les impressions que me causa la vue de cette oasis est impossible : à ma droite, les palmiers verdoyants, les jardins cultivés, la vie en un mot; à ma gauche, la stérilité, la désolation, la mort. Je fis appeler le cheikh et les habitants, et l'on m'apprit que ces différences tenaient à ce que

les puits du Nord étaient comblés par le sable
et que les eaux parasites empêchaient de creuser
de nouveaux puits. Encore quelques jours, et
cette population devait se disperser, abandonner
ses foyers et le cimetière où reposent ses pères!
Je compris à ce moment les féconds résultats
que pourraient donner dans cette contrée les
travaux artésiens, et, grâce à vous qui avez
bien voulu accueillir mes propositions, leur
donner votre appui, la vie sera rendue à plusieurs oasis de l'Oued Rir', et l'avenir renferme
les espérances les plus magnifiques.

» La profondeur du puits est de 60 mètres;
la source souterraine donne 3,600 litres d'eau
à la minute, et l'eau en est claire et très bonne.

» Le directeur des travaux, M. Jus, envoyé par
la maison Degousée et Laurent, déclare que
ce forage est son plus beau succès. Cet excellent
ingénieur a été d'un dévouement parfait et à
la hauteur des obstacles à vaincre; car, il ne
faut pas l'oublier, pendant 39 jours et 39 nuits,
le travail n'a pas été interrompu, et quelquefois le thermomètre a marqué 46 degrés. M. Jus

a été admirablement secondé par le maréchal-des-logis Lehaut, du 3e de spahis, qui a révélé des qualités précieuses et promet un chef de sondage des plus distingués. Enfin, tous, même les soldats de la légion étrangère, avaient compris qu'ils travaillaient à une œuvre d'une utilité exceptionnelle, et ont fait des efforts surhumains.

» L'état sanitaire a toujours été parfait, grâce au moral des travailleurs, aux soins du docteur Bellin, et surtout à la sollicitude de M. le commandant Seroka qui, dans cette ciconstance comme dans tant d'autres, s'est montré un chef aussi intelligent que dévoué.

» J'avais envoyé M. le lieutenant Rose à Tamerna, pour présider à la solennité d'inauguration de la fontaine. Je vous adresserai, par l'intermédiaire du général commandant la division, son rapport, très-intéressant et très curieux. Il serait impossible de rendre les transports de joie des Indigènes.

» Bientôt, une collection d'échantillons des terrains traversés et des bouteilles d'eau du

9

nouveau puits vous seront envoyées pour les expositions d'Alger et de Paris.

» Voici donc des populations entières rassurées sur leur avenir, une partie de ces populations soustraite à toutes les causes de destruction qui les décimaient, la paix et la domination française consolidées dans ces possessions nouvelles. Bientôt des communications faciles pourront être ouvertes au commerce et à nos colonnes, peut-être jusqu'au bassin artésien du Touat, certainement jusqu'à Ouargla. Avant quelques années, on pourra fixer les tribus nomades; et si un jour la colonisation européenne tendait à se développer vers le Sahara, elle trouverait de fraîches oasis préparées pour la recevoir (1).

» Veuillez agréer, Monsieur le Gouverneur-Général, etc.

> » *Le général commandant la subdivision de Batna.*
>
> » DESVAUX. »

(1) Voir *Moniteur algérien* du 5 juillet 1856.

Je ne suivrai pas la sonde artésienne dans ses triomphes successifs et éclatants par tout l'Oued Rir' et jusque dans le Hodna. Ce sont des faits trop récents pour être oubliés et trop remarquables pour avoir passé inaperçus. Désormais, la cause est plus qu'entendue, elle est gagnée. Ma tâche serait donc terminée dès à présent, si je ne croyais utile d'ajouter quelques mots qui, je l'espère, ne seront pas considérés comme un hors-d'œuvre par tous ceux qui me liront.

Une grande question préoccupe en ce moment les Européens et les Indigènes, celle du cantonnement. Si beaucoup de personnes s'accordent à reconnaître l'utilité, la justice et l'opportunité de cette mesure délicate, il y a aussi des opposants qui lui trouvent des côtés reprochables et dangereux. Arriver à concilier ces opinions divergentes, en conservant les avantages et en faisant disparaître les inconvénients de ce remaniement général de la propriété arabe, serait, certes, un véritable bienfait public.

En y réfléchissant bien, il semble que la sonde

artésienne pourra aider singulièrement à la solution de ce grave problème. En effet, dans le
sud, contrée si favorable à la race arabe, et qui
ne convient guère à nos Européens, quoiqu'on
ait pu dire, il y a des espaces immenses à peu
près improductifs, faute d'eau. Qu'on en fasse
jaillir là où elle manque encore sur cette ligne
favorisée qui s'étend des Ziban au Touat, là où
une expérience si souvent répétée de temps immémorial, indique qu'on en trouvera à coup
sûr; et l'on aura préparé des contrées considérables pour recevoir de nouvelles populations.
Or, le sud est la patrie naturelle de l'Arabe,
race essentiellement saharienne, qui y dévelop-
pera, sans inconvénient pour personne et avec
avantage pour tous, les instincts qui la poussent
vers la vie patriarcale et les occupations du pas-
teur.

Si donc on croit devoir leur prendre quelque
chose dans le Tel, pour donner à la colonisation européenne, qu'on le leur rende avec usure
dans le Sahara. Chacun se trouvera ainsi à sa
place naturelle

Notez qu'en appliquant ce système, on créera
en même temps une importante route commer-
ciale, vraiment praticable à tous, vers le Sou-
dan, là même où s'étendent aujourd'hui d'af-
freuses solitudes que l'amour le plus effréné du
lucre ne décide pas toujours à traverser.

En somme, je vois la solution du problême
d'établissement des deux races dans la multi-
plication des puits artésiens au sein du désert,
sur des lignes judicieusement choisies.

Mais c'est une pensée qui a besoin de longs
développements qui ne seraient pas ici à leur
place. Je me borne donc aujourd'hui à la for-
muler dans son expression la plus générale.

BIBLIOGRAPHIE ARTÉSIENNE.

Je place, à la fin de cette brochure, et par ordre de dates, la liste des publications faites sur les puits artésiens du Sahara oriental, par des personnes qui avaient étudié la question sur place.

1851. M. Berbrugger. — *Les Puits artésiens des Oasis méridionales de l'Algérie.* Brochure in-16, reproduction des articles publiés dans l'*Akhbar*, cette même année. (V. ci-dessus. page 7)

1852. M. Duboco, Ingénieur des Mines. — *Mémoire sur la constitution géologique des Ziban et de l'Oued Rir', au point de vue des eaux artésiennes de cette portion du Sahara.* Brochure in-8° de 83 pages, avec planches. Cet ouvrage avait été publié antérieurement dans les *Annales des Mines,* tome 2e, page 249; il est l'œuvre d'un homme très distingué dans sa spécialité et doit être consulté par ceux qui désirent étudier la question au point de vue scientifique

1857. M. Ch. Laurent. — *Mémoire sur le Sahara oriental, au point de vue de l'établissement de puits artésiens dans l'Oued Souf, l'Oued Rir' et les Ziban*, extrait des *Mémoires de la Société des Ingénieurs civils*, séance du 20 juin 1856. Brochure in-8° de 72 pages ; avec planches.

Dans une très courte préface, l'auteur raconte en ces termes l'origine de son œuvre : « M. le Général Desvaux, dit-il, commandant la subdivision de Batna, convaincu de l'importance qu'aurait pour le Sahara oriental l'emploi des procédés de sondage usités en France, voulut bien nous demander, pendant son séjour à Paris, de lui fournir un outillage et de lui céder un de nos employés pour la conduite des travaux. Après un examen attentif des documents mis à notre disposition, il fut convenu, avec l'approbation de M. le Gouverneur général, que je l'accompagnerais d'abord, au nom de notre maison, dans sa prochaine expédition, et qu'aussitôt mon retour en France, nous construirions le matériel que je jugerais alors le plus convenable pour mener promptement à bonne fin un premier essai. »

« C'est le résumé de mes impressions que j'ai consigné dans cette notice, lue à la Société des Ingénieurs civils, après avoir appris le succès complet de notre première tentative à Tamerna (Oued Rir'). »

Cette brochure est l'œuvre d'un industriel distingué, qui a envisagé surtout la question à son point de vue spécial, nouvelle face qui restait à étudier et qui n'était certainement pas la moins importante.

1858. M. F. Vatonne, Ingénieur des Mines. — *Rapport sur les forages artésiens exécutés dans le Sahara de la province de Constantine, en 1856-1857*. Alger. Bro-

chure in-8° de 23 pages, avec planches. Ce remarquable
mémoire donne de curieuses notices sur les puits creusés dans diverses oasis par les travailleurs français,
pendant ces deux années et il y ajoute l'analyse des eaux
de chacun de ces puits.

1859. M. Ch. Laurent. — *Mémoire sur le Sahara
oriental au point de vue de l'établissement des puits artésiens dans l'Oued Souf, l'Oued Rir' et les Ziban*, extrait des *Mémoires de la Société des Ingénieurs civils*
(séance du 20 juin 1856) et du *Bulletin de la Société géologique de France* (séance du 18 mai 1857.) Brochure in-8°
de 92 pages, avec carte et planches.

C'est une réimpression un peu augmentée de la *Notice*
du même auteur, citée précédemment.

Je n'ai pas eu connaissance d'autres ouvrages
sur la matière, écrits par des personnes ayant
étudié la question sur place.

Alger. — Typographie Bastide.

0

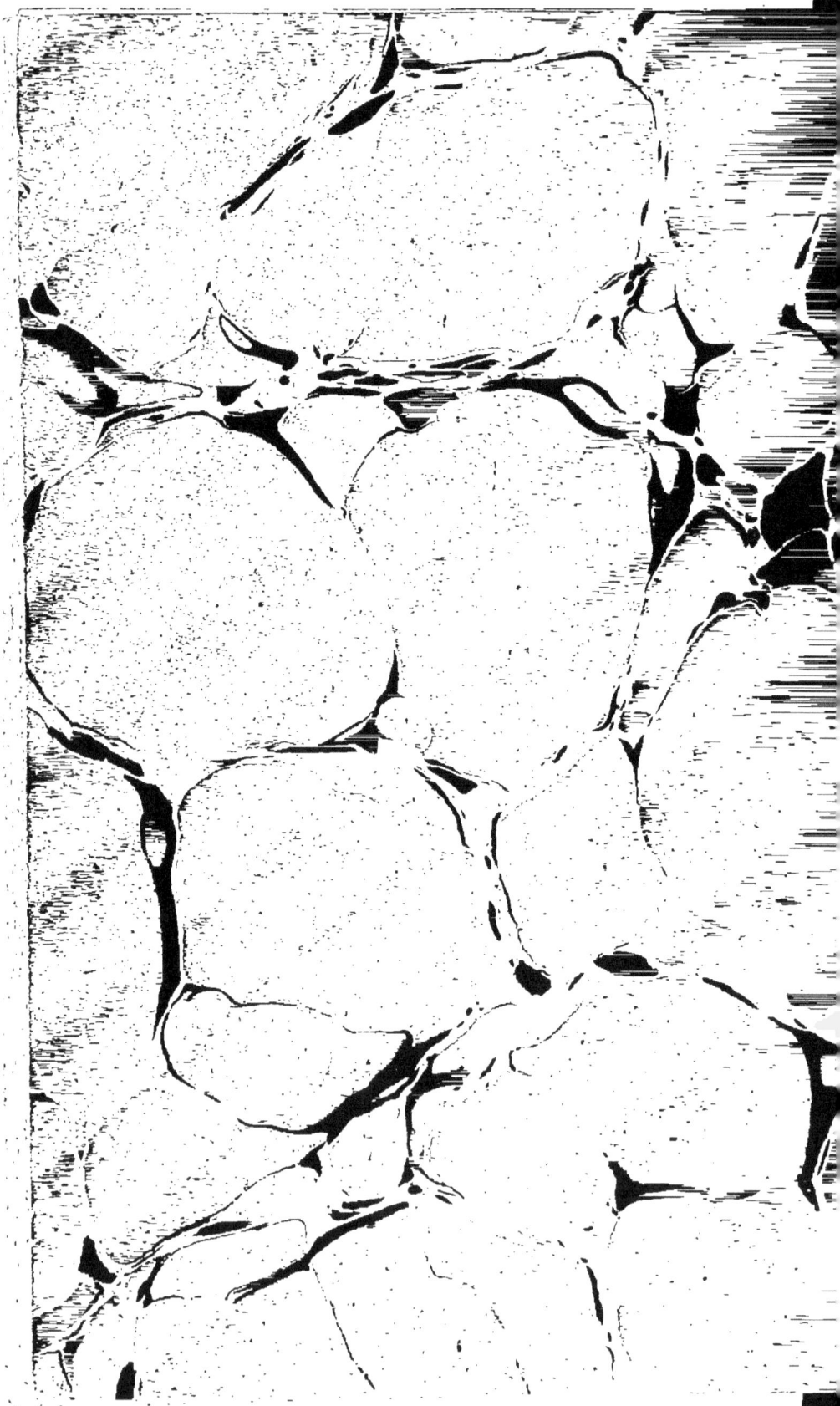

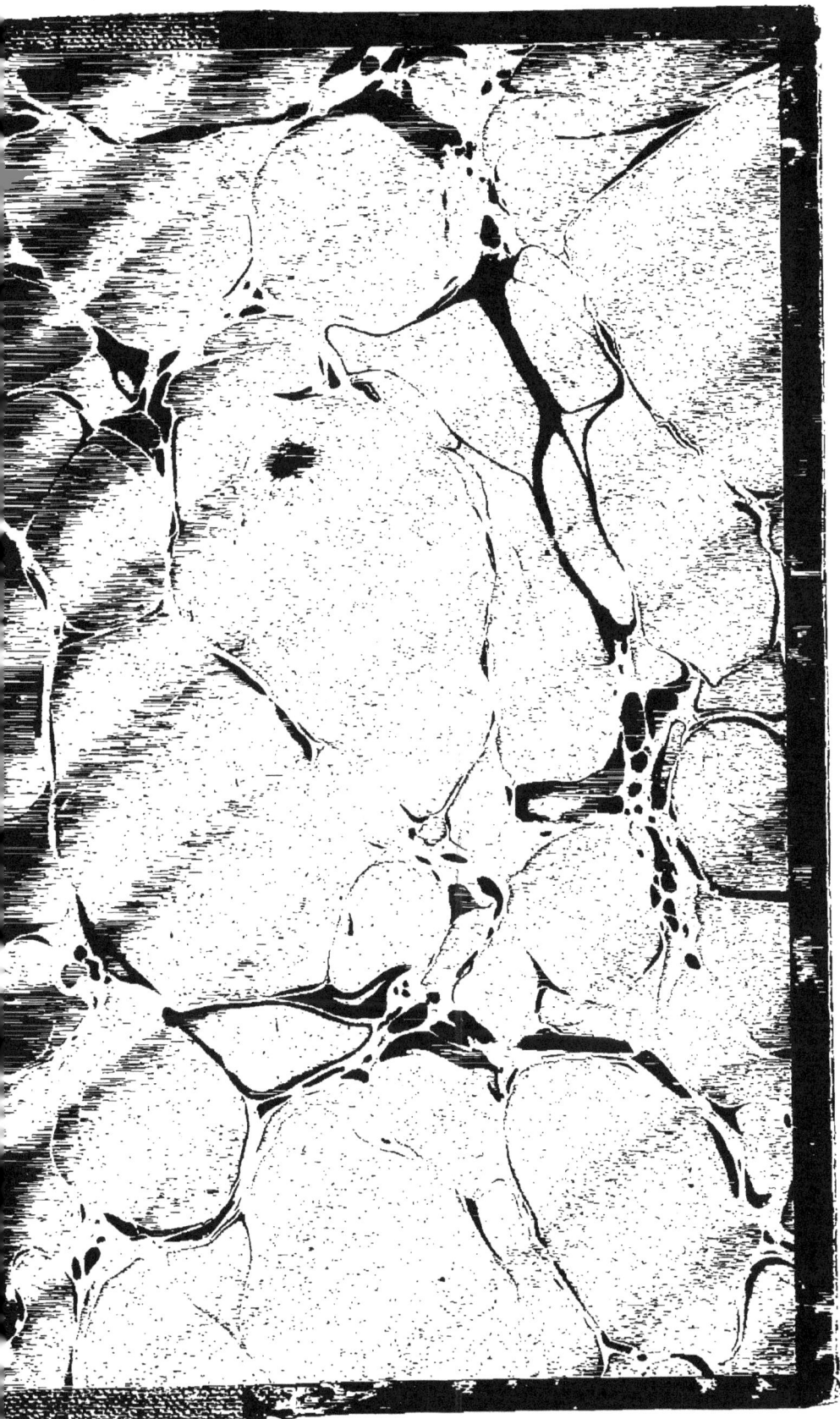